DU MEILLEUR SYSTÈME

A ADOPTER

POUR L'EXÉCUTION

DES

TRAVAUX PUBLICS

EN FRANCE,

ET NOTAMMENT

DES GRANDES LIGNES DE CHEMINS DE FER.

Par F^{ois} BARTHOLONY.

PARIS,

IMPRIMERIE DE A. BELIN, RUE SAINTE-ANNE, 55.

1838.

En 1835, nous publiâmes un Mémoire sur les encouragements à accorder aux compagnies concessionnaires des grandes lignes de chemins de fer et autres travaux d'utilité publique. Peu de temps après, une société, dont nous faisions partie, demanda, sous le titre de *Compagnie des chemins de fer du Nord*, la concession des lignes de Paris à la mer et à la frontière belge, avec tous les embranchements qui s'y rattachent, en prenant pour base de ses propositions les idées développées dans notre mémoire; mais, malgré la faveur avec laquelle ces idées furent accueillies par des personnes éclairées et haut placées, le gouvernement ne crut point devoir les adopter, et la soumission de la Compagnie des chemins de fer du Nord resta sans effet.

Ce nouvel écrit n'a point pour but d'appuyer cette soumission. Les personnes avec lesquelles, en raison de leurs hautes fonctions, nous avons été en rapport à ce sujet,

savent si, pour déterminer le Gouvernement à la présenter aux Chambres, nous avons suivi la marche habituelle aux solliciteurs. Tous les actes émanés de notre
Compagnie témoignent, au contraire, de la position indé-
pendante qu'elle a constamment gardée : en demandant la
concession des chemins de fer du Nord, la Compagnie ne
s'est jamais présentée comme sollicitant une faveur, mais
bien comme auxiliaire de l'État pour réaliser des projets
utiles à tous ; aussi a-t-elle fait toujours précéder ses
propositions de la demande formelle du franc et loyal
concours du Gouvernement.

En donnant cette dernière expression publique de
notre opinion sur le meilleur système à appliquer aux
grands travaux d'utilité générale, nous ne pourrions
cependant nous soustraire à la crainte de paraître défendre des intérêts privés, si nous n'avions, en même
temps, à fournir la preuve de notre désintéressement
et de notre indépendance ; cette preuve est dans la
dissolution de la Compagnie des chemins de fer du
Nord ; nous avons cessé de faire partie de cette Compagnie, et elle doit, dès aujourd'hui, être considérée
comme n'existant plus. Cette circonstance nous met
d'autant mieux à l'aise, qu'elle nous permet de faire
remarquer qu'à l'époque où nous proposâmes de faire
nous-mêmes l'application de notre système, il y avait
peut-être quelque mérite ; car, les esprits étaient alors
peu disposés à ces sortes d'opérations, et nous étions
les seuls qui se fussent présentés. Il n'en serait plus
ainsi aujourd'hui, et, si le Gouvernement adoptait notre

système, qu'il fît un appel à l'industrie, au moyen de la garantie d'un minimum de revenu, il se présenterait certaiuement, pour les chemins de fer du Nord, par exemple, plus d'une Compagnie honorable pour lui offrir son concours.

Écrit l'été dernier, ce Mémoire trouve la question déjà bien changée : ce que l'Administration laissait entrevoir à peine, elle l'avoue hautement aujourd'hui; et, forte de l'avis d'une Commission qu'elle a nommée elle-même, et qui ne s'est livrée à aucune enquête, elle vient demander à la Chambre d'exécuter toutes les grandes lignes de chemins de fer.

Nous ne saurions que la louer de sa franchise actuelle : la question nettement posée sera plus facile à résoudre.

Le grand argument que l'on opposera probablement aux Compagnies industrielles, c'est l'abus qui a été fait des sociétés par actions; mais, outre que l'on trouvera sans doute des moyens légaux de mettre un terme à ce grave inconvénient, tout en respectant cependant le principe de l'esprit d'association qui commence à se développer en France, il est évident encore que de l'excès du mal sortira bientôt le remède; car, déjà, il est facile de s'apercevoir que ce moyen de faire des dupes est tombé dans un grand discrédit.

On ne peut d'ailleurs raisonnablement concevoir les mêmes craintes pour les grandes entreprises de travaux publics, fondées comme nous l'entendons : en effet, le choix des Compagnies soumis à la discussion publique des Chambres; la forme de société anonyme plus spécialement propre à ces Compagnies, ce qui les oblige à soumettre leurs statuts au Conseil d'État, et à donner la plus grande publicité à leurs opérations ; des Conseils d'administration, composés d'hommes éminents, sérieusement engagés dans les entreprises, et à la hauteur de l'importance des intérêts qui leurs sont confiés ; enfin le contrôle obligé de l'État, en raison de sa participation aux mauvaises chances ; tout concourt à rendre impossibles les manœuvres qui ont récemment signalé quelques sociétés en commandite par actions.

En définitive, le seul objet que nous ayons en ce moment en vue, en insistant sur les idées que nous avons précédemment émises, c'est de faire prévaloir, autant que cela peut dépendre de nous, ce qui nous parait être les vrais principes de la matière. Puissent nos efforts n'être pas tout-à-fait stériles !

AVANT-PROPOS.

La question de savoir quel est le meilleur système à adopter pour l'exécution des grands travaux publics en France, préoccupe vivement, et avec d'autant plus de raison, tous les esprits sérieux, que de sa solution dépend l'avenir industriel du pays.

Bien que, depuis le moment, déjà éloigné, où nous soumissionnâmes les chemins de fer du Nord, cette question se soit un peu éclaircie, beaucoup de doutes restent encore, aussi bien dans l'esprit du Gouvernement que dans celui des Chambres, non-seulement sur la nature des encouragements à accorder aux compagnies industrielles, mais même sur la nécessité de leur en accorder; et certes, les divers projets que le Ministère a présentés à la Chambre des députés, pendant la dernière session, n'étaient pas propres à résoudre les incertitudes.

D'un autre côté, en même temps que le Gouvernement et les Chambres cherchaient, sans y parvenir, à arrêter un système de travaux publics, cette question devenait plus

familière au public, et la hausse extraordinaire qu'ont
éprouvées les actions de quelques entreprises récentes, ren-
daient les capitalistes moins défiants pour ce genre d'opérations ; aussi, sommes-nous disposés à reconnaître, qu'il
serait moins difficile aujourd'hui qu'il y a deux ans d'attirer les capitaux dans les grandes entreprises d'utilité
générale. Mais de ce que cette faveur, qui s'est attachée
aux actions des derniers chemins de fer concédés, faveur
que l'expérience n'a du reste point encore justifiée, est ve-
nue éveiller l'attention des capitalistes, il ne s'ensuit pas
que l'on trouverait facilement à réunir les sommes considérables qu'exigeraient les grandes lignes. Il faut remarquer
qu'il ne s'est encore agi, jusqu'ici, que de chemins d'une
portée financière très-restreinte, et que, par cette raison,
nous avons toujours reconnu être appropriés aux ressources de l'industrie privée abandonnée à elle-même ; mais de
ces entreprises, d'une portée ordinaire, aux grandes lignes
projetées par le Gouvernement, il existe un immense in-
tervalle financier, et, dans l'état actuel des choses et des
esprits, nous dénions à l'industrie particulière, livrée à
ses propres forces, la puissance de le franchir (1).

(1) Nous exceptons, néanmoins, le chemin de Paris à Orléans qui
devra trouver, sans l'appui du Gouvernement, les fonds nécessaires à
son exécution; mais, le nivellement des terrains qu'il doit parcourir ne
nécessitant point de grands travaux d'art, et la certitude qui lui est
acquise de transports importants, permettent d'en calculer à l'avance
les dépenses et les produits; ces circonstances, et d'ailleurs l'étendue
restreinte de ce chemin, le mettent dans une position toute particulière,
et qui ne peut être comparée à celle des grandes lignes que nous avons
en vue dans cet écrit.

Or, si, pour ces grandes entreprises, l'État refusait son appui, il arriverait infailliblement de deux choses l'une : ou l'on ne trouverait pas les capitaux nécessaires à leur confection, et alors les chemins ne se feraient pas, ou l'on ne trouverait que des capitaux fictifs, produit de ces sous-criptions qui n'appellent que les spéculateurs aventureux, lesquels, dans l'espoir d'un bénéfice prochain à réaliser, acceptent toutes les conditions qu'on veut leur imposer ; mais ces souscripteurs d'actions à revendre, capables tout au plus de pourvoir aux premiers paiements exigés, com-promettraient les travaux par le manque de fonds, et il est facile de prévoir qu'ils deviendraient infailliblement la cause d'une crise industrielle et financière à laquelle on ne doit pas s'exposer.

En conséquence, dans l'état des choses, on peut dire que la question est restée à peu près entière ; et nous nous en applaudissons ; car il importe infiniment qu'elle ne soit décidée qu'après l'examen le plus approfondi. Nous allons donc la reprendre en lui donnant quelques nou-veaux développements ; mais nous devons le dire, quoi-que les circonstances aient modifié nos idées sur certains points, notre conviction, sur le fond du système que nous avons proposé, s'est affermie au lieu de s'affaiblir ; il faut, d'ailleurs, des convictions aussi profondes que les nôtres pour chercher, avec autant de persistance, à les faire partager ; il faut être persuadé, comme nous le sommes, qu'il résulterait, de leur adoption, un bien réel pour le pays.

Pour donner à notre travail toute la clarté et toute la

concision possible, nous le diviserons en chapitres, dans lesquels nous traiterons successivement :

1° De la situation des voies de communications en France.

2° Des avantages que présentent les compagnies industrielles sur le Gouvernement, pour l'exécution des travaux d'utilité publique.

5° Des objections qui ont été faites au système qui a servi de base à la Compagnie des chemins de fer du Nord, et des motifs qui devraient faire appliquer ce système à toutes les entreprises d'utilité publique.

4° De la création d'un fonds de réserve, applicable aux éventualités de la garantie de l'État.

5° De la prise de possession immédiate des propriétés expropriées.

6° De la transaction à faire relativement aux droits d'entrée des rails et des machines locomotives.

7° De la fixation des tarifs.

DU MEILLEUR SYSTÈME A ADOPTER

POUR L'EXÉCUTION

DES TRAVAUX PUBLICS EN FRANCE,

ET NOTAMENT

DES GRANDES LIGNES DE CHEMINS DE FER.

CHAPITRE Ier.

APERÇU SUR LA SITUATION DES VOIES DE COMMUNICATIONS EN FRANCE.

S'il est une vérité généralement reconnue aujourd'hui, c'est que la plus importante de toutes les industries, celle qui produit et développe toutes les autres, c'est l'industrie qui a pour but la création et le perfectionnement des voies de communications. Essayer de démontrer cette vérité, dire quels avantages procure à l'État, au commerce et à l'agriculture l'ouverture d'un canal ou d'un chemin de fer, ce serait entrer dans des raisonnements oiseux, puisque personne ne les contesterait (1).

Néanmoins, un fait difficile à expliquer, mais également incontestable, c'est que la France, après avoir donné la première l'exemple de la canalisation de son sol (2), se trouve aujourd'hui, sous ce rapport, considérablement en arrière de l'Angleterre, sa voisine et sa rivale. On sait qu'en 1760 seulement, le duc de Brigwater y creusa le premier canal, et qu'aujourd'hui ses voies de communications, infiniment plus perfectionnées et plus complètes que les nôtres, sont la cause principale de sa supériorité industrielle.

L'Amérique, qui date d'hier, est sur ce point supérieure à l'Angleterre elle-même et à tous les

---

(1) La masse de ces avantages pouvant n'être pas suffisamment connue, voir les citations dans les notes et documents à la fin du mémoire.

(2) Le canal de Briare fut commencé sous Henri IV et achevé en 1642; celui d'Orléans, sous Louis XIII et achevé en 1692; celui du Languedoc sous Louis XIV et achevé en 1680; et celui de Loing sous Louis XV et achevé en 1723.

autres États ensemble; mais, placés dans des conditions toutes particulières, des comparaisons entre la France et les État-Unis manqueraient de justesse. Nous nous bornons à constater l'infériorité relative de la France à l'Angleterre, et nous en chercherons tout à la fois la cause et le remède.

Disons d'abord que le crédit public, fondé en Angleterre un siècle, au moins, avant qu'il fût seulement compris en France, en multipliant les capitaux circulants; en facilitant les transactions; a puissamment contribué à faire porter les vues vers les améliorations matérielles; que le taux modéré de l'intérêt, l'agglomération des propriétés et des fortunes; un bon système de travaux publics, et, le dirons-nous? l'absence d'une administration des ponts-et-chaussées telle qu'elle existe chez nous; enfin, et surtout, les succès obtenus par des compagnies qui, en faisant le bien du pays, faisaient le leur propre (1); toutes ces causes réunies ont concouru, chacune de leur côté, à créer, en moins de quatre-vingts ans, le magnifique réseau de communications que l'Angleterre possède, et qui va s'améliorant et grandissant chaque jour.

(1) Notes et documents

En France, il faut le dire à la justification des gouvernants, les malheurs publics qui ont précédé et suivi la révolution, expliquent assez comment et pourquoi nous sommes long-temps restés en arrière, tandis que tout marchait chez nos voisins. Mais depuis qu'un gouvernement constitutionnel et la paix sont venus fermer toutes les plaies et ouvrir au pays la voie à toutes les améliorations, pourquoi n'a-t-on rien fait encore, ou presque rien? Cependant, en faisant la part des embarras amenés par la crise de 1830, voilà vingt ans au moins que la France jouit d'une paix profonde.

Excepté les canaux entrepris en 1821 et 1822, canaux qui sont dus aux ressources du crédit public et à un ministre auquel les passions apaisées rendent justice aujourd'hui, excepté 40 ou 50 lieues de chemins de fer, qu'a-t-on fait pour multiplier, améliorer et perfectionner nos voies de communications?

Tout le monde sent, néanmoins, que nous ne pouvons pas rester dans l'état stationnaire où nous sommes; il est évident, pour tous, que l'on a perdu un temps précieux qu'il importe de regagner; il faut donc, au plus tôt, chercher consciencieusement les moyens d'arriver à ce but; or les moyens d'y arriver, c'est de rompre avec la rou-

tine ; c'est d'avoir le courage de changer ce qui
est mauvais, d'améliorer ce qui doit être amé-
lioré, et d'adopter les mesures nouvelles qui seront reconnues bonnes; c'est, enfin, de faire
autrement qu'on a fait jusqu'ici.

Nous avons un corps des ponts-et-chaussées
composé d'hommes du premier mérite ; c'est une
chose que personne ne conteste; mais il y a bien
des années qu'il existe, et l'on a pu apprécier tout
ce qu'il peut pour le pays. Or, nous demandons
comment il se fait que ce corps, le plus savant
du monde, nous ait constamment laissés, relativement à l'Angleterre, dans un état d'infériorité
remarquable sous le rapport des grands travaux
publics? comment il se fait, enfin, que l'Angleterre, qui ne possède pas comme nous une administration des ponts-et-chaussées, soit le pays de
l'Europe le plus avancé en fait de voies de communications et de travaux de tout genre? Certes,
ce ne sont point les membres des ponts-et-chaussées, comme individus, qui sont cause de l'état
stationnaire dans lequel nous languissons, mais
c'est bien probablement l'organisation du corps
qui est vicieuse.

Il faudrait donc, avant tout, refondre le
code administratif des ponts-et-chaussées, et
fonder une sorte de charte de travaux publics,

basée sur l'alliance du Gouvernement avec l'Industrie.

C'est le développement de cette pensée qui fera le sujet des chapitres suivants.

CHAPITRE II.

DES AVANTAGES QUE PRÉSENTENT LES COMPAGNIES INDUS-
TRIELLES SUR LE GOUVERNEMENT POUR L'EXÉCUTION
DES TRAVAUX D'UTILITÉ PUBLIQUE.

§ 1er.

La nécessité de créer en France un vaste réseau de canaux et de chemins de fer étant reconnue, voyons quels seraient les moyens d'arriver, le plus économiquement et le plus sûrement, à une prompte et bonne exécution de ces immenses travaux; voyons, enfin, s'ils doivent être entrepris par l'État ou concédés à des Compagnies industrielles.

Avant d'entrer dans le développement de nos idées à ce sujet, nous croyons utile de faire, entre les voies ordinaires de transport et celles qu'il s'agit de créer, une comparaison d'où ressortiront

2

vivement les avantages que doit attendre le pays
des nouvelles voies de communications. Cette
comparaison fera, d'ailleurs, apprécier à sa juste
valeur l'avantage du parcours gratuit des routes
ordinaires, qu'on oppose sans cesse au péage imposé sur les chemins de fer et les canaux, et dont
on est parvenu à se faire un argument contre les
Compagnies industrielles.

Jusqu'à ce que les canaux de 1821 et 1822
soient entièrement achevés et complétés, on peut
dire que le système de viabilité de la France
n'aura guère consisté que dans les routes royales
et départementales, dont le pays fut sillonné il y
a un siècle. L'État fit, alors, une dépense considérable pour l'établissement de ces routes, qu'il
fallut ensuite entretenir à grands frais ; mais elles
mirent en rapport les provinces les moins riches,
les plus arriérées, avec Paris et les provinces, où
la civilisation, l'agriculture et l'industrie étaient
le plus avancées.

Qui oserait dire que le sacrifice énorme qu'on
fit alors, et qui pour un grand nombre devait
paraître sans compensation, n'a pas produit d'immenses résultats ? Qui pourrait méconnaître,
malgré leurs imperfections, que les routes ont
été une des causes les plus fécondes de la prospérité publique ? Cependant aujourd'hui, dans l'état

actuel des choses, ces routes, pour la plupart, ne devraient pas être faites si elles étaient à faire ; c'est ce qu'il nous sera facile de démontrer.

D'après la statistique des ponts-et-chaussées, une route royale, livrée gratuitement au public, coûte, d'établissement, environ 70,000 francs par lieue et 2,300 à 3,000 francs d'entretien, selon les localités. C'est donc pour l'État, d'abord la perte d'un capital, et ensuite une dépense annuelle qui se reproduit sans cesse au budget ; et ces charges pèsent également sur ceux qui emploient la route et sur ceux qui ne l'emploient pas (1).

Mais, sur une route livrée au public sans péage, il en coûte pour prix du transport :

Pour les voyageurs, terme moyen :

Environ 75 c. par lieue en voiture de poste, 3 lieues à l'heure.
   Id.   50 c.   Id.   en diligence,   2   Id.
   Id.   20 à 25 c. Id.   en patache,   1 1/2 Id.

Pour les marchandises, terme moyen :

Environ 4 f. 50 c. par l. et par 1000 kil. par diligence, 40 lieues par jour
   Id.   1 f. 60 c.   Id.   par roul. acc. 18 à 20 Id.
   Id.   1 f.   Id.   par roul. ord. 8 à 10 Id.

Voilà l'état actuel des choses. Voyons main-

(1) C'est une grande question de savoir si ce parcours gratuit est un bien ; si les routes ne seraient pas mieux entretenues l'usage en étant payé ; s'il ne serait pas plus juste que ceux là seuls qui s'en servent en payassent les frais. Mais ce système de gratuité pour les routes ordinaires est passé dans nos mœurs, et il ne peut être question ici de le changer. Il viendra d'ailleurs à l'appui de plusieurs de nos propositions. Voir aux notes et documents.

tenant ce qu'il serait par les chemins de fer :

Des tarifs proposés, et que l'on a regardés comme élevés, fixaient pour prix du transport, *péage compris* :

Pour les voyageurs, en moyenne, 25 à 30 centimes par lieue, dans de bonnes voitures, faisant six à dix lieues à l'heure, c'est-à-dire la moitié des frais actuels et une vitesse triple.

Pour les marchandises, en moyenne, 50 à 60 centimes par lieue et pour mille kil., faisant quatre à cinq lieues à l'heure, c'est-à-dire, moitié moins de frais que par le roulage ordinaire et une vitesse sextuple.

Ainsi donc, indépendamment de la grande célérité, souvent si précieuse, les voies nouvelles procurent au public une importante économie.

C'est bien ici le cas de faire remarquer l'erreur grave dans laquelle est tombée la Commission chargée de l'examen de la loi sur le chemin de fer de Paris à la frontière belge ; cette Commission, par l'organe de son habile et honorable rapporteur, a opposé le parcours libre et gratuit des routes ordinaires, au péage perçu sur les chemins de fer ; mais, oubliant de tenir compte de la différence des frais de transport sur l'une et l'autre voie, différence qui établit en faveur des chemins de fer une supériorité d'économie considérable,

elle a été entraînée à cette fausse conclusion :
« que les chemins de fer étant des voies per-
« fectionnées, ils ne devaient être établis que là
« *où l'on était assez riche pour les payer* (1). »

Quant aux canaux, ils ont une toute autre
destination que les chemins de fer, et, loin de se
nuire réciproquement, ils doivent entrer dans un
bon système de viabilité.

L'objet des canaux est de procurer la plus
grande économie dans les frais de transport, tandis que les chemins de fer ont pour principal but
la célérité, car l'économie qu'ils offrent n'est
qu'un avantage accessoire. Les canaux sont donc
destinés à transporter les objets d'une mince valeur relativement à leur poids : il est de toute
nécessité, pour ces espèces de marchandises, que
le prix du transport en soit des plus minimes
pour qu'elles le puissent supporter ; aussi ce prix,

____

(1) M. de Rémusat, pag. 5 et 7 de son Rapport.

M. Blanqui aîné est tombé dans la même erreur, erreur fondamentale,
et qui entraîne tout naturellement les conséquences que nous combattons.
Il a dit dans son *Cours d'Économie politique*, leçon 23ᵉ, en parlant des
tarifs trop élevés des chemins de fer, et les comparant aux voies de terre :
« Si l'on grevait de péage les routes actuellement gratuites qui com-
« muniquent du nord au midi et de l'est à l'ouest, on verrait à l'instant
« s'interrompre une foule de communications commerciales et indus-
« trielles que la franchise de nos routes rend aujourd'hui possibles, et
« qui ne pourraient plus supporter la charge de la perception nouvelle. »
À quoi tend ce raisonnement, puisque les voies nouvelles sont plus
économiques que les anciennes, quoique l'usage de celles-ci soit gratuit?

par les canaux, est il, en moyenne, de 20 à 25 centimes la lieue pour mille kilogrammes, ce qui répond au quart de ce qu'il en coûte par le roulage ordinaire, et à moitié de ce qu'il faudrait payer par les chemins de fer.

Il résulte incontestablement des faits qui précèdent, que le public trouvera, dans la jouissance des canaux et des chemins de fer, d'immenses avantages et d'importantes économies. Mais il y a plus, c'est qu'il est possible, dans la plupart des cas, de faire jouir le public de tous ces avantages sans qu'il en coûte rien à personne; et le moyen en est fort simple, c'est de faire exécuter les travaux par l'industrie privée. En effet, tandis que les routes ordinaires, *qui ne rapportent rien,* coûtent des sommes énormes pour leur établissement et leur entretien annuel, les chemins de fer et les canaux, exécutés par des Compagnies industrielles, *se créent et s'entretiennent d'eux-mêmes.* Dans le calcul de leur revenu, entrent tout à la fois, les frais d'entretien, d'administration, le service des intérêts et le remboursement des sommes qu'ils ont coûtées; or, leur revenu suffisant à tout, ils ne coûteraient pas une obole, ni d'établissement, ni d'entretien.

Nous n'entendons pas, cependant, dire d'une manière absolue que le Gouvernement ne puisse jamais être entraîné à quelques sacrifices, par suite de l'appui qu'il aurait prêté aux Compagnies concessionnaires ; mais, très-certainement, ce ne pourrait être que pour un petit nombre d'entreprises où les dépenses auraient de beaucoup dépassé les prévisions ; ce ne serait même encore que momentanément ; car, si l'on adoptait le système qui a servi de base à la soumission de la Compagnie des chemins de fer du Nord, système que nous soutenons encore aujourd'hui, l'État recouvrerait, dans des temps meilleurs, ce qu'il aurait été appelé à débourser pendant les premières années de l'exploitation, et le remboursement n'est pour ainsi dire point douteux : n'a-t-on pas vu, en Angleterre et en Amérique, des canaux ne rien produire d'abord et arriver, au bout d'un certain nombre d'années, à une prospérité à laquelle personne n'eût osé songer ?

En définitive, nous pensons qu'à peu d'exceptions près, ce n'est qu'en employant l'industrie privée, et en l'appuyant du crédit de l'État lorsque l'importance des entreprises l'exige, que l'on arrivera à ce but si désirable : procurer promptement au pays les nouvelles voies de communications qui lui manquent, *sans qu'il en coûte rien aux contribuables.*

§ II.

A la tête de ceux qui veulent confier à l'État l'exécution des grands travaux publics, il faut placer l'administration des ponts-et-chaussées, dont c'est la pensée favorite. C'est avec l'espoir d'amener, tôt ou tard, les Chambres à lui accorder les fonds qu'exigent ces travaux, que cette administration a cherché, par tous les moyens, à retarder toute décision touchant les Compagnies industrielles. C'est, surtout, en éconduisant les Compagnies honorables qui se sont présentées, et en ne tenant pas compte des offres qu'elles faisaient, qu'elle a empêché toute discussion qui, en jetant du jour sur la question, eût indubitablement amené un résultat. Par cette tactique, elle a porté, au plus haut point, l'impatience du pays et des Chambres qui veulent à toute force, et avec raison, que la France jouisse enfin des nouvelles voies de communications, déjà en usage ou en exécution chez presque tous nos voisins; or, personne n'ayant été mis à même de prononcer, en connaissance de cause, sur le mérite des Compagnies industrielles, mais chacun sentant vivement

les conséquences de tous nouveaux retards, on
est, aujourd'hui, généralement plus disposé qu'on
ne l'était précédemment, à abandonner le terrain
à l'administration des ponts-et-chaussées ; c'est
ainsi que cette administration est parvenue à
soumettre à sa volonté des membres influents des
deux Chambres qui, antérieurement, y étaient
diamétralement opposés.

Néanmoins, tout en reconnaissant que la pensée de faire exécuter les grandes lignes de chemin de fer par le Gouvernement a rallié quelques bons esprits, nous croyons que cette pensée,
née de l'impatience de sortir de toute incertitude,
n'a pas pris de profondes racines, et qu'il suffira
d'entrer dans quelques développements pour ramener les hommes impartiaux à cette opinion que
nous défendons, que ce n'est qu'au moyen de
l'industrie privée qu'on arrivera à une prompte
et économique exécution des nouvelles voies de
communications.

Il est incontestable que l'administration des
ponts-et-chaussées possède des hommes d'un grand
talent : sous le rapport de l'art, ce corps ne laisse
rien à désirer. Mais, dans la construction d'un
canal ou d'un chemin de fer, il n'y a pas seulement des plans, des tracés et des conditions d'art
à arrêter, il y a encore la partie commerciale,

proprement dite, à laquelle les ingénieurs les plus habiles sont totalement étrangers. La direction de cette partie commerciale exige une disposition particulière, un tact, qui ne s'acquièrent que par une longue pratique, et qui constituent ce qu'on appelle l'*esprit des affaires*; et c'est cet esprit qui, exerçant son heureuse influence en Amérique et en Angleterre, y a produit ces immenses travaux qui font l'admiration du monde entier.

Il est évident, en effet, que, dans la création d'un chemin de fer, un grand nombre des opérations sont essentiellement commerciales; ainsi, l'achat des terrains, des fers, des machines, etc., demande l'expérience, l'activité, la promptitude, le coup-d'œil, en un mot les qualités qui distinguent le bon négociant, et qui se rencontrent rarement chez les personnes dont les idées n'ont pas été, de bonne heure, portées vers le commerce.

Mais si, pour construire un chemin de fer avec promptitude et économie, l'intervention de l'industrie privée est nécessaire, on conviendra que la gestion, qui est toute commerciale, doit lui être exclusivement confiée; car un Gouvernement est, par la nature des choses, dans l'impossibilité de la bien diriger; cela est si vrai, que, s'il était décidé que les grands travaux projetés dussent être exécutés par l'État, celui-ci, après leur achèvement, n'aurait rien de mieux à faire que d'en confier la gestion à des Compagnies; cette vérité frappe tous les yeux : dans le sein même de l'administration l'idée de mettre en régie intéressée les canaux appartenant à l'État, jouit d'une grande faveur, et a trouvé l'appui de plusieurs personnes très-compétentes pour apprécier la nécessité de cette mesure. La commission des chemins de fer, nommée par le Gouvernement, tout en émettant un avis favorable à l'exécution des grandes lignes par l'État, a conclu à leur exploitation par l'industrie privée.

Au surplus, qu'il nous soit permis de faire ici, sur les conclusions de cette commission, une remarque qui prouvera qu'elles ont été prises, peut-être, un peu légèrement, et sans une exacte appréciation de leurs conséquences. Selon la commission, il faut que l'État exécute, et qu'ensuite il afferme à des Compagnies; or, l'État n'exécute pas à bon marché, et ces ouvrages, qu'il aura créés à grand frais, il ne les affermera pas pour rien; il demandera probablement aux Compagnies un revenu proportionné aux dépenses qu'il aura faites; mais celles-ci n'entendront certainement point être, pour rien, les fermiers de l'État : il leur faudra des conditions qui leur laissent la perspective d'un bénéfice annuel ; alors, où trouvera-t-on ce qui sera nécessaire pour faire face, et au prix du fermage, et aux bénéfices du fermier ? Sur les tarifs incontestablement, c'est-à-dire sur le public. Que devient, dans cette hypothèse, la pensée, toujours mise en avant, qu'il importe d'établir des tarifs très-bas, et qu'on n'y parviendra que si le Gouvernement exécute lui-même ? Ne serait-ce pas, au contraire, en faisant exécuter et gérer par l'industrie privée, qu'on arrivera à établir des tarifs aussi modérés que possible ? La commission, en concluant à l'exécution par l'État et à la gestion par des Compagnies industrielles, fournit elle-même la preuve la plus évidente que l'État ne doit pas être plus chargé de l'une que de l'autre ; et que, pour faire bien, pour opérer rationnellement, c'est l'industrie privée qu'il faut charger de tout.

Il y a tant de raisons palpables pour ne point laisser à l'État, ni l'exécution, ni la gestion des nouvelles voies projetées ; la réflexion les fait si bien et si spontanément ressortir, que nous nous dispenserons de les énumérer toutes ; il suffit d'avoir reproduit ici les plus déterminantes.

Néanmoins, ce que nous dirons encore, quoique cela soit également bien connu, c'est que l'administration est liée, embarrassée, dans une nuée de

réglements, d'enquêtes, de conseils et de formes bu-
reaucratiques qui font perdre un temps précieux,
et qui arrêtent, souvent, les mesures les plus ur-
gentes pendant des mois et des années ; et cependant, malgré toutes ces formalités gênantes , on
peut dire que l'administration est sans surveillance puisqu'elle se contrôle elle-même ; elle seule
est appelée à juger ses actes ; et si des fautes sont
commises, l'esprit de corps est toujours là pour les
couvrir. Que, dans l'exécution de travaux, les propres devis de l'administration soient dépassés ou-
tre-mesure, que peut faire le ministère ? payer d'a-
bord, et venir, ensuite, demander aux Chambres
des crédits supplémentaires, qu'il faut bien accorder. Que, par suite du mauvais entretien d'un
canal, la navigation soit interrompue pendant
long-temps ; qu'une réparation urgente, qui, faite
immédiatement, n'eût demandé qu'une dépense
minime, devienne une dépense considérable, par
suite de retards dus à la négligence des ingénieurs ou aux interminables formalités qu'exige
la hiérarchie administrative, à qui s'en pren-
dra-t-on ? à personne : le public souffrira, et le
Gouvernement paiera , sans contrôle réel, tout
ce qu'on lui demandera.

Or, l'industrie privée est dans une tout autre position ; aussi obtient-elle des résultats tout opposés

à ceux qu'on doit attendre des agents du Gouvernement : ceux-ci, sans intérêt dans le résultat financier d'une entreprise, n'en obtiendront jamais tout ce qu'elle peut produire ; l'industrie privée, au contraire, n'a qu'un but : dépenser le moins possible pour obtenir le plus de bénéfice possible. Car, il faut qu'on le sache bien, ce n'est point dans l'établissement de tarifs élevés, ce n'est point en rançonnant le public, qu'une Compagnie, qui comprend bien son intérêt, cherchera ses bénéfices ; elle se fourvoierait étrangement si elle les voyait là. C'est par de minutieuses économies dans les dépenses de construction et de gestion, économies qui, réparties sur une grande échelle, peuvent être considérables, qu'elle arrivera à satisfaire ses actionnaires en leur donnant des bénéfices raisonnables ; et ces économies, non-seulement elle est en position, mais elle est même dans l'obligation de les faire. En effet, une Compagnie industrielle est dirigée par des hommes accoutumés à calculer et à prévoir le résultat pécuniaire de chaque chose ; sa gestion est surveillée par un Conseil d'administration choisi dans l'élite de ses plus forts actionnaires ; ce Conseil d'administration se fait rendre compte, presque journellement, de tout ce qui se fait, et rend compte, à son tour, à des époques déterminées, de toutes les opérations et de leurs résultats, à la masse des actionnaires aussi bien qu'au Gouvernement. Qu'on juge donc de l'effet d'un pareil stimulant; de l'efficacité d'un contrôle où tous les yeux sont ouverts; et ici, pas un seul n'est indifférent, car tous sont intéressés.

Qu'on décide, maintenant, si l'administration peut, dans sa position, arriver jamais au même résultat que l'industrie privée; aussi nous osons affirmer, sans crainte d'être démentis, que, là où pour l'État il ne ressortira que des charges, une Compagnie industrielle trouvera des bénéfices.

Enfin, pour exprimer toute notre pensée, nous dirons que l'État ne doit se charger, lui-même, de l'exécution des grands travaux publics que quand, malgré de larges encouragements, ils auront été refusés par l'industrie particulière.

Notre opinion acquerra plus de force encore, si l'on songe qu'en confiant l'exécution des travaux à l'État, on risque, à moins de contracter à l'avance d'énormes emprunts, de se trouver tout-à-coup, faute de fonds, dans l'impossibilité d'achever les ouvrages commencés; en effet, qui oserait assurer que le Trésor sera toujours en mesure de subvenir aux larges dotations annuelles dont il faudrait charger le budjet pendant une longue période d'années? Qui oserait enfin garantir les événements? ce serait, certainement, une chose téméraire, irréfléchie, que de se lancer dans des travaux considérables, dont l'achèvement serait subordonné aux excédants de recette du Trésor; ce n'est pas ainsi qu'il faut procéder en pareille matière, et les Chambres y regarderont, sans doute, à deux fois, avant de donner leur approbation à une marche aussi aventureuse.

Une dernière considération, et qui n'est pas sans valeur, à l'appui de notre opinion, qu'il faut, autant que possible, confier l'exécution des travaux publics à des Compagnies, c'est que l'administration a déjà, à sa charge, autant et plus de travaux qu'elle n'en peut faire et surveiller (1); et que, de plus, dans les nouvelles voies de communications projetées, il en est, d'un intérêt général, qui seront le complément nécessaire d'un grand système de viabilité, mais que l'industrie privée n'entreprendra jamais, parce que, pris au point de vue financier, le seul qui puisse la déterminer, ces travaux ne pourront lui offrir des

____

(1) Nous renvoyons aux assertions réitérées de M. le comte Jaubert, lesquelles n'ont point été contredites par M. le directeur des ponts-et-chaussées.

chances suffisamment encourageantes; or, les ouvrages qui composent cette catégorie devront, de
toute nécessité, être exécutés par l'administration,
et ils sont assez nombreux.

En Angleterre, où il faut toujours aller chercher des exemples lorsqu'il s'agit d'améliorations
matérielles, l'État s'est bien gardé d'exécuter lui-
même les travaux qu'il trouvait à concéder à des
particuliers; dans ce pays, si remarquable par
le bon état et la multiplicité des voies de communications, tous les canaux et les chemins de fer
(sauf le canal Calédonien qui se trouve dans un cas
exceptionnel) appartiennent, à perpétuité, à des
Compagnies qui les ont exécutés, et il n'est venu
encore, à personne, la pensée de le regretter. Au
contraire, on persévère dans ce système dont on
a éprouvé les bons effets, et il ne se passe pas une
année que le Gouvernement n'accorde, à des Compagnies, l'autorisation d'ouvrir de nouvelles routes, des canaux ou des chemins de fer. Or, à quoi
attribuer cette conduite du Gouvernement anglais, si opposée à celle que l'on paraît vouloir
suivre ici? A ce que, dans ce pays, l'on a compris
que des personnes, directement intéressées au
succès d'une entreprise, y apportent plus d'activité
et plus d'économie que de simples agents; que
des commerçants sont mieux placés que l'État,

pour administrer des entreprises commerciales ; qu'un Gouvernement sage doit se mêler, le moins possible, de choses qui peuvent amener des conflits entre lui et les citoyens; que, si légitimes que soient les droits de péage, il y aurait tendance continuelle à les lui disputer, tandis qu'on les paie sans contestation à des Compagnies (1).

Il est vrai qu'en Angleterre, l'idée d'abandonner, à vil prix et même gratuitement, le parcours des nouvelles voies perfectionnées, n'a séduit personne; on a compris que cela ne tendrait à rien moins qu'à arrêter leur développement; mais nous traiterons dans un article spécial, et avec les soins qu'elle mérite, l'importante question des tarifs, question qui embrasse, à elle seule, tout l'avenir des nouvelles voies de communications.

L'objet de ce chapitre était de faire ressortir les avantages que présentent les Compagnies industrielles, sur le Gouvernement, pour l'exécution des travaux publics, et nous croyons y avoir réussi; car nous avons démontré qu'en employant l'industrie privée, les nouvelles voies de commu-

(1) Ce qui vient de se passer en Belgique, au sujet des tarifs que le Gouvernement a dû, bien malgré lui, abaisser outre mesure, vient à point justifier nos prévisions. Voir aux notes et documents.

nications *seront plus vite achevées, coûteront moins à construire, et surtout moins à entretenir, et qu'enfin, elles produiront plus* que si l'État se chargeait de leur exécution.

CHAPITRE III.

DES OBJECTIONS QUI ONT ÉTÉ FAITES AU SYSTÈME QUI
A SERVI DE BASE A LA COMPAGNIE DES CHEMINS DE
FER DU NORD, ET DES MOTIFS QUI DEVRAIENT FAIRE
APPLIQUER CE SYSTÈME A TOUTES LES ENTREPRISES
D'UTILITÉ PUBLIQUE.

Si nous devions nous borner à réfuter les objections faites, par l'administration, au système
qui a servi de base aux propositions de la Compagnie des chemins de fer du Nord, nous serions
fort embarrassés, car il est difficile de répondre à ceux qui ne disent rien, ou à peu près
rien. Heureusement, quelques orateurs de la
Chambre des députés ont suppléé à ce que le la-
conisme de l'administration laissait à désirer ; et,
grâce à eux, nous pourrons discuter la valeur

des inconvénients qu'on paraît craindre de l'adoption de notre système.

Avant d'entrer en matière, nous croyons utile de dire quelques mots de la conduite qu'a tenue l'administration à notre égard ; il n'est pas sans intérêt de faire connaître comment elle accueille l'industrie privée ; d'ailleurs, nous nous devons à nous-mêmes et à nos associés, de donner l'explication du peu de cas que l'administration a semblé faire de la Compagnie dont il s'agit ; car, on pourrait supposer que celle-ci n'était en effet point digne de fixer l'attention ; or, c'est ce qu'il nous importe de ne pas laisser supposer.

La Compagnie des chemins de fer du Nord, compagnie incontestablement aussi respectable que puissante, s'est fondée en 1835, à la connaissance de l'administration ; elle était alors la seule importante qui se fût présentée ; loin de la repousser, l'administration l'accueillit, au contraire, avec un empressement apparent ; plusieurs des intéressés eurent des conférences avec les différents ministres qui se succédèrent, ainsi qu'avec le chef de l'administration des ponts-et-chaussées ; ils développèrent leurs vues qu'on parut agréer ; enfin, la Compagnie déposa, en janvier 1836, une soumission à laquelle *aucune objection ne fut faite*. Si, par des raisons qu'il ne nous est pas donné de comprendre, l'administration croyait ne pas devoir discuter, à l'avance, les conditions de la soumission avec les parties intéressées, celles-ci devaient espérer, au moins, qu'on aurait fait savoir aux Chambres que des propositions avaient été faites pour l'exécution des grandes lignes; mais, loin de là, l'administration a toujours semblé avoir oublié l'existence de la Compagnie des chemins de fer du Nord; jamais elle n'en a fait mention, même dans les circonstances où c'eût été un devoir pour elle, comme, par exemple, en 1835 et 1836, où les questions relatives à l'exécution des grandes lignes furent portées à la Chambre des députés. Ce ne fut enfin qu'en 1837, sur notre demande formelle, et à l'occasion du chemin de Paris à la frontière belge, que le Gouvernement proposait de concéder à M. Cokerill, que le ministre toucha quelques mots de notre soumission; mais, ce fut si légèrement, que la Chambre ne put pas avoir même une idée de la nature de nos propositions.

C'est ainsi que l'administration est parvenue à annuler, pour ainsi dire, une société animée des meilleures intentions, et qui compte dans son sein les maisons les plus recommandables de la capitale; mais on comprendra combien il a été facile d'éconduire des gens honorables qui se présentaient franchement, avec la loyale intention et avec la possibilité de remplir leurs engagements : les sollicitations importunes, les démarches nombreuses, les réclamations publiques, répugnent à leurs habitudes; il suffisait, pour s'en débarrasser, de les laisser dans l'oubli.

Néanmoins, nous pensons que l'administration des ponts-et-chaussées, en cherchant, de tout son pouvoir, à éloigner l'industrie privée, ne fait qu'obéir à des convictions profondes; elle est, nous n'en doutons pas, bien persuadée qu'elle seule peut arriver à une bonne exécution des grands travaux projetés; elle est convaincue que ces travaux doivent rester entre ses mains, pour être gérés au plus grand avantage du public. Mais, comme nous la croyons dans une grave erreur, et que nos convictions ne sont pas moins vives que les siennes, elle nous pardonnera de chercher, de notre côté, à empêcher que son opinion soit partagée par ceux que leur position appelle à en décider.

En conséquence, bien que Monsieur le Ministre du commerce, en parlant de notre soumission à la Chambre des députés, n'ait pas jugé à propos de déduire les motifs qui lui ont fait regarder nos propositions comme inacceptables, nous rappellerons le peu de paroles qu'il a prononcées à ce sujet; nous répondrons, ensuite, aux objections qui ont été faites à notre système par plusieurs membres de la Chambre, et, persuadés que, de part et d'autre, on ne cherche qu'à s'éclairer, nous espérons réussir à prouver à M. le Ministre qu'il n'a pas donné à la question toute l'attention qu'elle mérite, et à démontrer à ceux de messieurs les Députés, qui l'ont examinée et qui nous ont combattus, qu'ils ne l'ont point envisagée sous son véritable point de vue.

En donnant l'exposé des motifs du projet de loi qui concédait à M. Cokerill le chemin de fer de Paris à la frontière belge, M. le Ministre, pour faire connaître qu'une autre proposition avait été faite, se borne à dire : « Il nous restait à choisir entre deux pro-
« positions ; dans l'une (1), on sollicitait une ga-
« rantie, pendant 46 ans, d'un minimum d'intérêt
« de 4 pour cent l'an »

« La soumission contenait, d'ailleurs, plusieurs
« clauses qu'il eût été impossible d'admettre et
« qu'il serait superflu de rappeler. »

Certes, il eût été bien difficile à la Chambre d'apprécier, sur ce peu de mots, où pouvait conduire cette garantie d'intérêts que nous demandions; cependant nous avions mis l'administra-

____

(1) Voir aux pièces et documents le n°

tion à même d'en signaler les inconvénients, si
tant est qu'elle lui en ait découvert; car, pendant quatre années consécutives, nous n'avons
cessé de l'entretenir de ce système et de lui en
expliquer toutes les conséquences, en cherchant
à lui faire comprendre les avantages qu'il présente sur tout autre mode d'encouragement; nous
dirons, même, que nous avions cru être parvenus, jusqu'à un certain point, à lui faire partager nos convictions; mais il paraît que nous nous
étions trompés.

Mais que répondrons-nous à M. le Ministre,
lorsqu'il dit : « que notre soumission contient
« des clauses qu'il] eût été impossible d'admettre
« et qu'il serait superflu de rappeler ?

Nous ne pouvons répondre qu'une chose : c'est
qu'il n'eût point été superflu, mais qu'il eût été
convenable, d'instruire la Chambre de propositions
sur le mérite desquelles elle était appelée à prononcer; donc, non-seulement M. le Ministre devait rappeler les clauses principales de notre soumission, mais encore dire pourquoi elles étaient
inadmissibles; à moins, cependant, qu'elles ne
fussent tellement absurdes qu'il eût suffi de les
énoncer pour en faire justice. Nous ajouterons
qu'il n'eût point été superflu, pour nous-mêmes,
qu'il voulût bien rappeler ces clauses dont l'ad-

mission lui paraissait impossible ; M. le Ministre sait que, à cet égard, nous n'en savons pas plus que la Chambre ; que jamais aucun ministre, jamais l'administration des ponts-et-chaussées, ne nous ont fait connaître que telle ou telle clause de notre soumission ne pouvait être admise. On ne nous supposera pas la pensée d'avoir présenté notre soumission comme un *ultimatum* ; en effet, sauf le mode de concession directe et la garantie d'un minimum de revenu, conditions dont l'intérêt moral et financier de l'entreprise ne nous permettaient pas de nous départir ; sauf, disons-nous, ces conditions fondamentales, nous n'avons jamais cru à la possibilité d'arrêter définitivement, sans discussions préalables, les clauses d'affaires aussi importantes, et pour lesquelles on n'a point de précédents. Il nous semble, donc, qu'il eût été du devoir de l'administration de nous appeler, de chercher avec nous les moyens de résoudre les difficultés, et d'établir, enfin, des conditions qui satisfissent tous les intérêts. Mais rien de semblable n'a été fait ; on nous a laissé dans le plus complet oubli, bien que nous ayons rappelé, à plusieurs reprises, à Messieurs les Ministres, que nous étions à leur entière disposition.

Nous ne rapportons pas ces détails dans un esprit de récrimination, mais uniquement pour faire remarquer, dans un intérêt général, que, si le Gouvernement veut sérieusement attirer, dans les travaux publics, les notabilités commerciales, qui s'en sont tenues éloignées jusqu'ici, il faudrait qu'il procédât autrement qu'il ne l'a fait : il faudrait, en un mot, qu'il encourageât au lieu de refroidir.

L'exposé des motifs du projet de loi concernant le chemin de Paris à la Belgique, donne encore à M. le Ministre l'occasion de dire : « Il nous a paru que le système de la garantie d'intérêts, « *fort bon en lui-même,* devait être réservé pour « les entreprises où la spéculation financière « peut présenter moins de chances de succès, en « assurant, cependant, au pays des avantages in- « contestables; ici (proposition Cokerill), il s'agit « surtout de donner une prime d'encouragement « qui puisse déterminer les capitalistes. »

Dire que le système de la garantie d'intérêt est *fort bon en lui-même,* c'est nous faire une concession dont nous prenons acte; il s'agit maintenant d'examiner dans quel cas il faut l'appliquer. Nous croyons avoir clairement établi, dans notre précédent mémoire, et nous espérons, au moyen des chiffres, le démontrer, dans la suite de ce chapitre, d'une manière plus palpable encore, que l'appui du crédit de l'État est moins onéreux, pour le Trésor, qu'une subvention en argent, et que, néanmoins, avec cet appui, on réunirait facilement les capitaux les plus considérables; ou eût donc trouvé, avec la garantie d'intérêt, tous les fonds nécessaires au chemin de Belgique ; or, le ministère, en proposant d'accorder au concessionnaire une subvention du quart de la dépense, était par trop libéral des deniers publics ; car si, comme tout le fait présumer, ce chemin devait être productif, la subvention était un don que rien ne justifiait, tandis qu'en donnant la garantie d'intérêt, l'État n'avait rien à payer ; elle eût seulement servi à attirer les capitaux.

Puisque le Ministère a jugé à propos de proposer l'emploi des deux systèmes, la garantie d'intérêt et la subvention, il eût dû, dans l'intérêt du Trésor, les appliquer tout différemment qu'il ne l'a fait ; et c'est ici le cas de faire remarquer que M. le Ministre n'a pas examiné la question avec toute l'attention qu'elle mérite. En effet, accorder la garantie d'intérêt aux entreprises qui présentent le moins de chances de succès, et subventionner celles qui promettent des résultats satisfaisants, c'est se résigner à payer dans tous les cas. Si M. le Ministre avait pesé les conséquences de l'un et l'autre système d'encouragement, il eût proposé la garantie d'intérêt pour les entreprises dont le

succcs parait assuré, comme le chemin de Belgique; et, s'il était moral qu'un Gouvernement
spéculât sur la ruine d'une Compagnie qui fait
une chose utile au pays, il eût proposé de subventionner le canal latéral à la Garonne, par exemple,
dont le succès financier est au moins douteux; de
cette manière, l'Etat n'eût fait qu'un sacrifice
léger et limité pour le canal, et il n'en eût fait
aucun pour le chemin de fer qui, très-proba-
blement, n'en avait pas besoin.

Mais, nous ne saurions trop le répéter, il est
plus juste, plus rationnel, de s'en tenir, dans tous
des cas, à la garantie d'intérêt, parce que ce système a une supériorité incontestable sur tout
autre mode d'encouragement : il a l'avantage de
ne rien coûter au Trésor pour peu qu'une entreprise donne des résultats, c'est-à-dire qu'il n'entraîne l'Etat à aucun sacrifice, à moins que l'entreprise ne produise rien ou moins de 4 pour cent;
mais, alors, le secours n'arrive qu'aux Compagnies qui ont des pertes réelles à réparer; on ne
risque pas, ainsi que par le système de subvention, d'ajouter aux bénéfices, déjà considérables,
peut-être, qu'une entreprise aurait pu produire.
Enfin, avec la garantie d'intérêt, le secours n'est
jamais donné qu'opportunément, et toujours dans
la mesure rigoureuse de ce qu'il faut qu'il soit.

Nous eussions désiré que M. le Ministre entrât
franchement dans les questions que soulevait
notre soumission; cela l'eût mis à même d'apprécier les avantages du système qui lui a servi
de base; mais c'est sans doute ce que craignait
l'administration des ponts-et-chaussées : celle-ci a
fort bien compris où conduisait, inévitablement,
l'ensemble de nos vues; elle a compris qu'avec
le système de la garantie d'intérêt, surtout,
on arriverait à l'exécution des grands travaux
publics par les Compagnies industrielles; or c'est
ce qu'elle ne veut absolument pas : il a donc fallu
empêcher la discussion de ce système, contre lequel on n'avait pas trouvé de bonnes raisons à
opposer. Nous ne saurions nous expliquer autrement l'inattention qu'on a visiblement apportée dans l'examen de nos propositions.

Nous allons maintenant nous occuper du rapport de la Commission du chemin de fer de Paris
à Lille, document où les différents systèmes
d'exécution des travaux publics sont mis en présence et discutés sérieusement. On nous permettra, à cette occasion, de remercier l'honorable
rapporteur, de la justice qu'il a rendue aux intentions de la Compagnie des chemins de fer du
Nord : « Ce sont ses idées, dit-il, page 20 de son
« rapport, ce sont ses idées plus encore que ses

« offres, qu'elle aurait tenu à voir triompher. »

En effet, et nous aimons qu'on le sache bien, s'il n'y eut eu pour nous, au fond de cette affaire, qu'un simple motif d'intérêt privé, il y a long-temps que, profondément découragés, nous eussions abandonné la partie; mais nous avons toujours eu l'espoir de faire adopter un système général de travaux publics qui, dans notre conviction, serait fécond en résultats utiles; et c'est, uniquement, à cet espoir et à cette conviction, qu'est due notre persévérance. C'est toujours mus par les mêmes sentiments, que nous discuterons les objections présentées dans le rapport de la Commission, en même temps que celles qui se sont produites à la Chambre, contre l'exécution des travaux publics par les Compagnies industrielles; et nous espérons puiser, dans les diverses opinions qui ont été émises, des raisons nouvelles et décisives en faveur du système que nous soutenons.

Pour rendre notre travail plus clair, nous diviserons ces objections ou deux classes : celles qui s'appliquent aux concessions en général, nonobstant leur mode; et celles qui s'adressent spécialement au mode d'encouragement que nous avons proposé.

§ Ier.

On a dit (1) :

Il ne faut pas aliéner les grandes lignes politiques, parce que ce sont des rênes que l'Etat, gardien de l'indépendance du pays, doit tenir dans ses mains.

L'État doit être propriétaire des chemins de fer, comme il l'est des routes, comme il devrait l'être des canaux, en vue de la suppression des droits de péage.

Les tarifs, pour être justes envers tous, doivent, au moins, être uniformes.

L'État doit rester maître des tarifs.

Le monopole des Compagnies serait intolérable.

Les ingénieurs civils ne valent pas ceux du Gouvernement.

(1) Orateurs : MM. Berryer ; Duchâtel ; Jaubert ; Mallet ; Lacave-Laplagne ; Le Grand ; Martin (du Nord); Fould.

Il faut, surtout, ne plus accorder de concessions perpétuelles; car c'est une faute immense que d'engager l'avenir.

Il faut, dans tous les cas, que l'État puisse racheter les chemins concédés.

Le choix des Compagnies est illusoire, si les concessionnaires ne restent pas administrateurs.

Le cautionnement n'est d'aucun effet contre une mauvaise gestion.

Voilà bien, si nous ne nous trompons, les arguments qui ont été employés contre les Compagnies particulières; nous croyons n'avoir dissimulé, ni affaibli, aucun de ceux qui ont été produits pour soutenir l'opinion favorable à l'exécution des travaux publics par l'État. Nous allons essayer de démontrer que les craintes qu'ont fait naître ces arguments ne sont nullement fondées.

Nous avouons, d'abord, que nous ne comprenons pas bien ce qu'on entend par *lignes politiques*; nous ne voyons pas quelle distinction on peut établir, politiquement parlant, entre une grande ligne et les embranchements qui s'y rattachent. Par exemple, la ligne de Paris à Lille serait-elle politique, tandis que ses embranchements sur Calais, Boulogne, Dunkerque, Valenciennes, etc., ne le seraient pas? ou, si ces embranchements sont aussi politiques, quels sont donc les chemins non-politiques? serait-ce seulement ceux qui font le service des usines? Quant à nous, nous pensons que cette qualification de *politique*, donnée aux grandes lignes, n'a été inventée que pour embrouiller la question , et pour servir l'opinion de ceux qui veulent que le Gouvernement fasse tous les chemins de fer sans exception. En effet, les chemins de fer qui doi nt sillonner la France, grands et petits, formeront un réseau qui embrassera le pays entier, et dont toutes les parties auront la même importance politique.

Mais admettons, cependant, qu'il y ait des lignes politiques que l'État doit se réserver. Certes, la question de savoir qui doit exécuter ces lignes est ici sans objet ; car il importe fort peu, à l'indépendance du pays, que ce soit l'administration ou l'industrie privée ; ce serait donc seulement leur gestion qu'il importerait de laisser entre les mains de l'État. Mais, outre que l'État serait un fort mauvais gérant, vérité tellement palpable qu'elle a été reconnue, même par une Commission de son choix, nous demanderons comment la gestion des grandes lignes, par des Compagnies particulières peut nuire à l'intérêt général, et menacer l'indépendance du pays. En concédant à l'industrie privée l'exécution et la gestion de ces grandes lignes, l'État ne peut-il pas faire ses réserves pour le service des lettres, de l'armée, etc.? Ne peut-il pas, enfin, imposer toutes les conditions qu'il croira nécessaires? Parce que les grandes lignes seraient entre les mains des Compagnies industrielles, est-ce à dire que le Gouvernement n'en serait pas toujours le maître, lorsque l'intérêt national l'exigerait? Ne pourrait-il pas, alors, faire tout ce qu'il jugerait convenable, même ce qui n'aurait pas été prévu? Cela lui ôterait-il le droit, en cas de guerre, de force majeure quelconque, de s'emparer des chemins de fer pour son usage exclusif, de les détruire même de fond en comble? Dans ces cas, heureusement fort rares, il n'y a plus de propriétés, ou plutôt, elles sont toutes à la disposition du Gouvernement; tout le monde sait cela. Il est vrai que l'État est tenu d'indemniser les propriétaires des dommages qu'ils ont pu éprouver; mais c'est une dépense que l'État n'évitera dans aucun cas, soit qu'il consacre une somme à indemniser les Compagnies concessionnaires, soit qu'il emploie cette somme à remettre les chemins en état, s'il les a exécutés lui-même.

On voit, en définitive, que l'indépendance du pays ne court pas plus de risques si on laisse l'exécution et la gestion des grandes lignes à l'industrie privée, que si l'État s'en chargeait luimème ; aussi la pensée de classer les chemins de fer en politiques et en non politiques ne repose sur rien ; elle ne supporte pas le plus léger examen.

L'opinion qu'il faut que l'État soit propriétaire des chemins de fer, comme il l'est des routes, pour en livrer gratuitement l'usage au public, a trouvé, d'abord, d'assez nombreux partisans ; mais la réflexion en a fait revenir plusieurs à des idées plus raisonnables ; et si, aujourd'hui, quelques personnes partagent encore cet avis, c'est faute de s'être rendu compte de ce que c'est qu'un chemin de fer. Nous avons déjà vu (Chap. II), ce qu'il faut penser de la prétendue économie que présente le parcours gratuit des routes ordinaires, comparé aux nouvelles voies de communications. Cependant, bien que nous ayons démontré que les chemins de fer, *avec péage*, offrent, sur les routes ordinaires *sans péage*, une économie considérable au public, il est évident que l'économie serait plus belle encore, si l'on supprimait le péage sur les chemins de fer ; mais cela est-il possible ? cela est-il juste ?

On conviendra qu'on ne peut, sans compromettre gravement la sûreté des citoyens, abandonner, à la volonté de chacun, la circulation sur un chemin de fer ; il faut y établir un ordre, une

régularité, sans lesquels il n'offrirait que des
dangers ; une volonté unique doit régler les
départs et les arrivées, et doit, conséquemment,
avoir à sa seule disposition les moyens de locomotion ; il faut donc une administration, des
employés en grand nombre, des machines, du
combustible, etc.; enfin, il est évident qu'un
chemin de fer ne peut être exploité sans frais
considérables; or, l'État, qui aura préalablement exécuté ce chemin au moyen de grands sacrifices pécuniaires, fera-t-il, ensuite, annuellement, toutes ces dépenses, sans prélever un péage
qui l'indemnisera de tout? Cela n'est pas probable. Mais en admettant qu'il le veuille , cela
serait-il juste? Non, certainement ; car un chemin de fer, qui a coûté des sommes considérables
à établir, qui en exige d'importantes chaque
année, tant pour son entretien que pour son exploitation, ne servira pas à l'universalité des
Français; beaucoup d'étrangers viendront, au
contraire, jouir de son commode usage; tandis
qu'une quantité d'habitants de la Bretagne et de
nos provinces éloignées ne le verront même jamais. Cependant, pour faire ces énormes dépenses que nous venons d'indiquer, il aura fallu
lever des impôts que tous les Français, sans
exception, auront payés. Or, nous le demandons,

est il équitable de faire payer une chose également, à ceux qui en tirent avantage en s'en servant, et à ceux qui ne sont pas en position de s'en servir?

Mais ces chemins de fer dont vous voulez jouir sans péage, c'est-à-dire dont vous voulez vous servir pour vous transporter *gratis* d'un lieu à un autre, car, ici, péage et frais de transport sont synonymes, vous entendez sans doute aussi que, outre les voyageurs, ils transporteront également *gratis* les marchandises de toutes espèces? car, la suppression du péage s'appliquera à tout ce qui circulera sur le chemin, et ne peut pas s'appliquer autrement. Or, voyez jusqu'où mène une idée fausse : vous imposerez la nation en masse pour transporter commodément, avec rapidité et *sans frais*, des voyageurs et des marchandises dont une partie, il est vrai, appartiendra au pays, mais dont une partie, aussi, lui sera étrangère; enfin vous augmenterez, ou au moins vous maintiendrez, l'impôt foncier, l'impôt sur le sel, sur les boissons, impôts pesants, qu'on ne paye qu'à regret; vous craindrez, enfin, d'abaisser les droits sur les sucres des colonies; vous imposerez le sucre de betteraves; mais, vous supprimerez le péage, ou l'impôt sur les nouvelles voies de communications, impôt des plus légitimes, puisqu'il est le prix d'un service rendu, immédiatement et directement à celui qui le paie ; impôt que personne ne conteste, qu'on paie volontairement, et dont la perception est par cela même des plus faciles.

Un des avantages qu'on a le plus fait valoir en faveur de l'affranchissement des chemins de fer, ou, au moins , de l'imposition d'un péage extrêmement minime, c'est celui d'attirer, en transit, sur le sol français, une grande masse de marchandises étrangères. Cet argument n'aurait jamais été fourni, si l'on s'était bien pénétré de la différence qui existe entre le transport par le roulage ordinaire, et celui par les nouvelles voies.

Sans doute, lorsque les marchandises voyagent par le roulage, un grand transit est un élément de prospérité pour un pays ; ces marchandises, qui le traversent à petites journées, procurent existence et profit à une multitude de personnes, telles que rouliers, aubergistes, marchands de chevaux, etc., tous les frais du transit sont payés par les étrangers propriétaires des marchandises, ainsi rien de mieux.

Mais, quand on aura exécuté les grandes lignes de chemin de fer, et que les marchandises voyageront dans des wagons remorqués par la vapeur, et seront rendues du Hâvre à Strasbourg en trois jours, nous demandons si le pays retirera

encore du transit, les avantages que nous venons
de signaler ? il faut le reconnaître, la question
du transit change totalement de face avec l'établissement des chemins de fer ; il ne s'agit plus de
vivifier le pays, au moyen de transports lents et
coûteux dont l'étranger fait tous les frais; il s'agit,
seulement, de rendre des marchandises d'un point
à un autre, avec une vitesse telle, qu'elles ne feront que paraître sur le sol français ; quel profit
retirera donc, désormais, le pays, de ces transports
pour compte étranger? L'unique profit, ou, au
moins, le principal, sera dans le droit de péage;
or, c'est justement ce que vous voulez supprimer,
ou réduire à presque rien ; c'est-à-dire qu'en
voulant supprimer, ou réduire autant que possible les droits de péage, dans la vue de créer un
immense transit sur le sol français, vous voulez
vous charger, *à perte*, du transport de marchandises appartenant aux Anglais et aux Allemands ;
et cela, aux dépens du Trésor public, c'est-à-
dire des contribuables, qui auront payé et qui
paieront les chemins de fer et leur entretien. A
ces conditions, il faudrait repousser le transit au
lieu de chercher à l'attirer; ou plutôt, on conviendra que, s'il était possible et juste, d'affranchir les Français du droit de péage sur les chemins de fer, on devrait, au moins, par exception,

en établir un pour les marchandises qui ne feraient que passer en transit.

Voilà donc, ramenée à sa véritable expression,
et cela par le raisonnement le plus simple, cette
question du transit dont on a tant parlé, et dont
on a cru se faire un puissant argument pour appuyer cette opinion, qu'il faut livrer sans frais
ou à très-peu de frais, le droit de parcours sur les
chemins de fer.

On a dit encore, pour justifier, d'une manière
générale, la suppression du péage sur les nouvelles voies de communications, que celles-ci, en
contribuant au bien-être général, en donnant
plus de valeur aux propriétés, augmenteront nécessairement la consommation de tout ce qui est
sujet aux droits, rendront les transactions plus
fréquentes, et produiront ainsi, à l'État, bien au-
delà des sommes qu'elles lui auront coûtées. Cela
ne peut être révoqué en doute; mais, comme ces
résultats sont indépendants de l'imposition ou de
la franchise du péage, si l'État devient trop riche
par la suite, qu'il en profite, avant tout, pour
supprimer, ou diminuer, les impôts vexatoires, et
qui pèsent principalement sur les malheureux;
mais, tant qu'on sera dans la nécessité de lever
des contributions, il faut, pour être conséquent,
nous ne dirons pas avec les plus saines notions

de l'Économie politique, mais avec le plus simple bon sens, continuer à faire payer, à ceux qui s'en servent, le péage sur les nouvelles voies de communications ; cet impôt est, dans l'ordre d'une bonne administration, le dernier à supprimer.

L'idée de livrer au public, sans *péage*, les chemins de fer projetés, est une de ces idées que l'on adopte, souvent sans savoir pourquoi, et que l'on est tout étonné d'avoir eues lorsqu'on les examine avec soin, et que l'on se rend compte de leurs conséquences. Certainement, si l'État exécutait lui-même, aux frais du Trésor public, les nouvelles voies de communications, et qu'un ministère vînt, sérieusement, proposer aux Chambres d'en livrer gratuitement l'usage , la proposition exciterait les plus vives et les plus justes réclamations. Mais, nous sommes tranquilles de ce côté ; nous sommes bien sûrs qu'une proposition semblable ne sera jamais faite ; nous sommes, au contraire , convaincus que, si l'État exécute lui-même les chemins de fer, il sera forcé, dans l'intérêt des contribuables, d'établir des tarifs d'autant plus élevés, que ces chemins lui auront coûté cher à établir, et lui coûteront plus cher, encore, à entretenir et à administrer.

Maintenant qu'il est bien reconnu que, n'im-

porte qui exécutera et gérera les chemins de fer,
il faudra toujours qu'un péage y soit établi, nous
demanderons pourquoi l'on veut que les tarifs,
pour être justes envers tous, soient uniformes, et
que l'État en reste le maître.

Pour que l'uniformité dans les tarifs fût une
justice, ainsi qu'on le prétend, il faudrait que
tous les départements que les chemins traverse-
ront fussent dans des conditions identiques; il
faudrait qu'ils fussent au même point sous les rapports agricole, manufacturier et commercial; il
faudrait presque qu'ils produisissent les mêmes
choses; car, des droits de péage ne sont équitablement établis qu'autant qu'ils sont mis, dans une
juste mesure, à la portée de ceux qui doivent les
payer; c'est pourquoi l'uniformité des tarifs,
comme on paraît l'entendre, ne serait, dans l'état
actuel de la France, qu'une mesure sans prévoyance, impardonnable, et dont on ne tarderait
pas à sentir les inconvénients. C'est, au contraire,
parce qu'il ne faut point que les tarifs soient
uniformes, que le Gouvernement ne doit pas en
être le maître; c'est pour cela, enfin, que les chemins de fer sont mieux placés dans les mains de
l'industrie privée que dans celles du Gouvernement; en effet, celui-ci est souvent forcé de
maintenir les tarifs qu'il a établis, ou, au moins,

il ne peut les changer qu'au moyen de formalités
qui demandent beaucoup de temps; d'ailleurs, il
n'est pas en position de juger, vite et bien, de ce
que réclament les besoins de telle ou telle localité. Tandis qu'une Compagnie industrielle, dont
l'attention est toujours éveillée, sait promptement
reconnaître et faire ce qui convient dans le bien
général, qui est aussi le sien. L'uniformité des
tarifs serait, dans certains cas, une calamité pour
quelques départements et un privilége réel pour
quelques autres. Si le Gouvernement veut intervenir dans les tarifs, qu'il fixe des *maximum,*
uniformes si l'on veut, qu'on ne pourrait dépas-
ser; mais il doit laisser aux Compagnies la faculté
de les réduire, lorsqu'elles le jugeront à propos;
car, il est des circonstances où cela deviendra indispensable. Au surplus, nous avons à traiter,
dans un chapitre spécial, la question importante
des tarifs.

On a dit, encore, qu'il faut craindre le monopole des Compagnies, que ce monopole serait intolérable. Nous convenons que tout monopole,
quel que soit celui qui l'exerce, est une chose fâcheuse et dont il faut se mettre à l'abri, autant
que faire se peut. Mais, est-ce bien sérieusement
qu'on a parlé de la possibilité de voir des Compagnies acheter des chemins de fer, qui coûtent des

centaines de millions, dans la seule vue de faire
valoir des usines, des houillières, dont elles se
seraient rendues propriétaires? En vérité, cette
frayeur qu'inspirent les Compagnies industrielles, si elle est réelle, passe toutes les bornes;
outre que, pour réaliser de si belles idées, il faudrait réunir des sommes qu'on ne trouverait certainement pas sans l'appui du Gouvernement, ne
voit-on pas que, pour consacrer un chemin qui
aurait coûté 50 ou 80 millions à des usines qui
en vaudraient 8 ou 10, ce serait sacrifier le principal à l'accessoire, c'est-à-dire que ce serait
faire une chose absurde. Mais, nous dira-t-on, ce
que l'intérêt de la Compagnie voudrait qu'on
ne fît pas, quelques actionnaires influents pourraient le vouloir faire dans leur intérêt privé.
Sans doute, s'il n'y avait pas contrôle public,
contrôle du Gouvernement, et surtout le contrôle
de tous les actionnaires; sans doute, s'il dépendait
de quelques personnes de s'attribuer des avantages particuliers au détriment de tous; mais, nous
l'avons assez démontré, dans une Compagnie
anonyme, où les administrateurs sont électifs,
où tout se fait au grand jour, où tout est publié
et soumis à la critique de tous, il n'y a de possible que ce qui est bien; ou, au moins, si quelque
mal peut s'y glisser, il ne peut être que momen-

tané. En conséquence, c'est se créer à plaisir des chimères, que de craindre le monopole d'une Compagnie concessionnaire d'une grande ligne de chemins de fer: car, ce monopole ne pourrait s'exercer qu'en opposition avec les intérêts des actionnaires, et contrairement aux statuts de la Société anonyme, fondée uniquement pour la meilleure exploitation du chemin. En définitive, si l'on craint réellement un monopole, il suffirait, pour l'empêcher, d'imposer à la Compagnie, dans le cahier des charges, l'obligation de transporter, pour tous, et dans l'ordre des inscriptions de chacun. En procédant ainsi, on rendrait tout-à-fait impossible ce monopole des transports que l'on paraît tant redouter.

On dit, enfin, que les ingénieurs civils ne valent pas ceux du Gouvernement, et l'on conclut de là, qu'il vaut mieux charger l'État des travaux, parce que celui-ci emploiera ses ingénieurs, tandis que les Compagnies n'emploieront que des ingénieurs civils. Cette conclusion nous paraît tout-à-fait mauvaise : Nous avons toujours reconnu le mérite des ingénieurs des ponts-et-chaussées, ce qui ne veut cependant pas dire qu'on ne trouverait point de gens capables parmi les ingénieurs civils; mais il ne peut être question en ce moment de discuter le mérite relatif des uns et des autres;

nous avons suffisamment expliqué, en formulant
notre système dans notre précédent écrit, que
les membres de l'administration des ponts-et-
chaussées, bien loin de rester étrangers à l'exécution des travaux confiés à l'industrie privée,
devaient, au contraire, y entrer pour une très-
grande part ; l'emploi des ingénieurs de l'État,
par les Compagnies, est une des principales conditions de l'alliance du Gouvernement avec l'industrie privée, telle que nous l'entendons et telle
que nous l'avons établie. Il y aurait, d'ailleurs,
de l'injustice à priver les membres les plus dis-
tingués des ponts-et-chaussées, de la part de
gloire, d'honneur et d'avantages qui leur revient
de droit dans la création des grands travaux projetés. Il suffira donc, lorsque le moment sera
venu, de prendre, à ce sujet, des mesures qui satisfassent les intérêts de tous, et cela nous paraît
la chose du monde la plus facile.

Nous arrivons à deux questions plus graves :
celle des concessions perpétuelles et celle de la
faculté de rachat par l'État.

Nous avons démontré, dans notre précédent
mémoire, l'injustice qu'il y aurait à dépouiller
une Compagnie, sans indemnité aucune, de terrains qu'elle aurait achetés de ses deniers, et de
travaux qu'elle aurait exécutés à ses frais ; nous

avons appelé cela une spoliation, et nous main-
tenons l'expression; car, il n'y a aucune différence entre la propriété d'un chemin de fer et la
propriété de maisons ou de terres ; tous, ont été
acquis aux mêmes titres. On ne doit cependant
pas s'y tromper, nous discutons ici plutôt pour
le principe, que pour la valeur de la chose en
elle-même, si toutefois, comme on doit le croire,
les concessions sont accordées pour un long terme,
cent ans, par exemple. Certes, nous savons à quoi
se réduit la valeur actuelle d'un sacrifice qu'on
ne doit faire que dans un siècle; mais, nous savons aussi de quelle importance il est de conserver, intacts, les principes qui consacrent les
droits de la propriété.

C'est cependant à la violation de ces principes sacrés, que conduit la concession temporaire;
mais cette pensée, de mettre un terme aux concessions, prend uniquement sa source dans cette
autre pensée : qu'il faut, de toute nécessité, arriver, tôt ou tard, à livrer l'usage des nouvelles
voies de communications pour rien ou presque
rien ; or, comme nous croyons avoir fait complète
justice de cette pensée, en avoir assez vivement
montré le vide, avoir clairement démontré l'impossibilité de la réaliser, la concession temporaire n'a plus de but; il ne lui resterait plus, si

elle était adoptée, que l'odieux attaché à toute spoliation.

On comprendra que nous n'entendons, ici, parler que des concessions accordées sans aucun appui de la part de l'État; car nous admettrons volontiers les concessions temporaires pour les cas où, par un secours quelconque, la garantie d'intérêt ou la subvention en argent, le Gouvernement aurait été appelé à partager les chances ou les charges de l'entreprise; alors, il peut y avoir, pour les parties, intérêt réciproque dans une convention semblable; et l'abandon au profit de l'État, après un certain laps de temps, peut devenir, ainsi, le prix d'un sacrifice fait par le Trésor public; mais, hors ces cas-là, nous le répétons, il n'y aurait qu'injustice (1).

Quant au rachat par l'État, il n'est pas entaché du même vice que la concession temporaire; ici,

(1) Si l'on pouvait être certain, à l'avance, que les travaux concédés donnassent des produits suffisants pour procurer un intérêt raisonnable aux actionnaires et permettre l'amortissement du capital, nous concevrions, sinon la justice, au moins la pensée des concessions temporaires. Mais, que l'on réfléchisse à la position d'une Compagnie qui, pendant long-temps, n'ayant pu pourvoir qu'à un modique intérêt des capitaux dépensés, 2 ou 3 pour cent, par exemple, se verrait tout-à-coup enlever sa propriété, et cela, au moment, peut-être, de recueillir un meilleur fruit de son travail et de ses soins! Certainement, dans ce cas, le retour à l'État serait une iniquité, et c'est cependant à quoi sont exposées les compagnies auxquelles on impose la concession temporaire.

on paye ce qu'on prend ; seulement, nous ne voyons pas l'utilité de cette vente forcée qu'on veut imposer aux concessionnaires. Toutes ces idées de retour à l'État, gratuitement ou en payant, ont la même origine : la pensée de livrer les voies nouvelles sans péage ou presque sans péage. Cependant, nous reconnaissons qu'il est des cas où l'État doit être maître absolu des voies de communications ; mais ces cas sont prévus par nos lois, et, hors ceux-là, nous ne comprenons réellement pas quels motifs peut avoir le Gouvernement, pour vouloir devenir propriétaire d'ouvrages, dont la possession l'embarrasserait, sans profit, ni pour lui, ni pour le public.

Au surplus, si l'on craint que des circonstances, impossibles à prévoir aujourd'hui, puissent exiger, par la suite, le rachat des canaux et des chemins de fer, nous ne voyons aucun inconvénient à ce qu'on en fasse une des clauses de la concession ; le droit de rachat peut être assuré à l'État, sous conditions convenues et réglées à l'avance (1).

Nous entrons d'autant plus volontiers dans cette idée, que cette faculté de rachat fait tomber

(1) On pourrait, par exemple, fixer le prix de rachat à 25 fois le revenu moyen des cinq dernières années, soit au taux de 4 pour cent.

toutes les craintes, de quelque nature qu'elles
soient : tarifs , monopoles, nécessités politiques,
tous les arguments employés contre l'exécution
des travaux publics par l'industrie privée, de-
viennent sans force avec le pouvoir laissé à l'État
de s'en rendre possesseur. Bien que nous soyons
persuadés que le Gouvernement usera peu de
cette faculté de rachat, nous reconnaissons, cependant, qu'elle a beaucoup de valeur pour lui,
puisqu'il ne deviendra propriétaire que *si cela lui
convient, et quand cela lui conviendra,* et enfin,
à un prix vraisemblablement moindre que celui
qu'il aurait dû débourser pour exécuter lui-même.

D'ailleurs, cette condition de rachat, n'eût-elle
d'autre utilité que de dissiper tous les fantômes
qu'a fait apparaître le projet de mettre les chemins de fer aux mains de Compagnies, qu'il faudrait l'adopter avec empressement, et, pour notre
part, c'est ce que nous faisons.

Les deux objections qui nous restent à examiner, nous trouvent parfaitement d'accord avec
ceux qui les ont faites ; nous sommes tout-à-fait
d'opinion que le choix d'une Compagnie est illusoire, si, ceux en vue desquels le choix a été fait,
abandonnent l'entreprise. Nous ferons, néanmoins, observer que cela ne se passe pas ainsi :
lorsque des hommes honorables demandent une

concession au nom d'une Compagnie, non-seulement ils y restent sérieusement intéressés, mais encore, il est d'usage constant qu'ils forment le premier noyau de l'administration ; l'honneur leur en fait, d'ailleurs, un devoir impérieux ; plus que personne, ils ont intérêt à voir prospérer une entreprise dans laquelle ils sont engagés plus gravement, que s'ils s'étaient bornés à verser des capitaux, puisqu'ils y ont encore attaché leur nom. Mais, si on le jugeait à propos, on pourrait faire une obligation aux concessionnaires, d'être et de rester administrateurs de la Compagnie jusqu'à l'achèvement des travaux au moins ; une pareille clause n'éprouverait point d'opposition.

Nous sommes également d'opinion, que le versement d'un cautionnement n'est d'aucun effet contre une mauvaise gestion ; c'est une des vérités que nous avons produites dans le mémoire que nous publiâmes en 1835. Le cautionnement est utile dans une adjudication publique, parce que, là, tout le monde est admis, sans exception, et qu'il importe de ne pas rendre le concours accessible aux gens sans consistance. Mais, lorsqu'il s'agit de travaux tels que ceux dont il est ici question, le point important est de chercher des Compagnies qui présentent, par elles-mêmes, toutes les garanties désirables ; le cautionnement disparaît entièrement, lorsqu'on songe aux qualités de moralité et de fortune, que doivent nécessairement réunir les Compagnies sur lesquelles les choix tomberont ; enfin, la question du cautionnement est réduite à de si petites dimensions, comparativement aux grands intérêts qui doivent être confiés aux concessionnaires, qu'il est vraiment inutile de s'en préoccuper. C'est donc, seulement, au choix des Compagnies que le Gouvernement doit, dans l'intérêt public, donner toute son attention ; car, c'est de ce choix que dépend la bonne et loyale exécution des travaux ; or, bien que des Compagnies, comme il les faut, ne se produisent pas en grand nombre, nous osons nous flatter d'avoir fourni, à l'administration, la preuve qu'elles ne sont pas introuvables.

Nous avons passé en revue les objections qui s'appliquent, en général, aux concessions des grandes lignes de chemins de fer ; nous les avons examinées consciencieusement, et nous croyons avoir réussi à démontrer que c'est à tort, que l'on a vu des dangers à confier l'exécution de ces travaux à des Compagnies industrielles ; nous espérons même, par les raisonnements dans lesquels nous avons dû entrer, ramener beaucoup d'hommes

impartiaux à cette opinion que nous défendons :
Que c'est au moyen de l'industrie privée, qu'on
arrivera, promptement et économiquement, à
doter la France des nouvelles voies de communications qui lui manquent. Nous allons, maintenant, répondre aux arguments qui ont été four-
nis contre le mode d'encouragement que nous
avons proposé.

§ II.

Les principales objections au système de la
garantie d'un minimum d'intérêt, ont été produites par M. Duchâtel, ancien ministre des
finances; la justesse habituelle de ses vues,
son expérience des affaires, nous avaient fait
espérer de le voir, au contraire, au nombre
des partisans de ce mode d'encouragement.
Cependant, tout en le combattant, M. Duchâtel
a déclaré n'y être pas opposé d'une manière
absolue; et, comme ses objections ne s'arrêtent,
en définitive, que sur quelques points de détails, nous conservons l'espoir, en le réfutant et
en lui faisant embrasser l'ensemble du système.

d'amener cet habile économiste à reconnaître les avantages incontestables que, dans toutes les circonstances, ce système présente sur tout autre.

M. Duchâtel dit, en commençant : « Il est « évident qu'il faut régler les encouragements « que l'État accorde, suivant les convenances « de chaque entreprise, et même, jusqu'à un « certain point, suivant le vœu des capitalistes. « Il ne peut y avoir, à cet égard, aucun sys- « tème absolu. »

Nous saisissons, d'autant plus volontiers, l'occasion de réfuter cette opinion, qu'elle a été souvent émise au ministère et ailleurs.

Certainement, si l'on consultait les Compagnies concessionnaires, elles opteraient, dans la plupart des cas, pour une subvention réalisable en beaux deniers comptants ; car, la grande majorité des entreprises produira bien 4 pour cent net des capitaux qui y auront été employés ; or, dans ces cas, qui sont les plus probables et les plus fréquents en fait d'entreprises industrielles, la subvention en argent, est, en totalité, un bénéfice que la Compagnie n'eût pas fait, et, conséquemment, un sacrifice dont le Gouvernement eût été dispensé, si, celui-ci, au lieu de donner cette subvention, s'était borné à garantir un minimum d'intérêt de 4 pour cent; on comprend, par ce peu de mots, que les convenances des concessionnaires ne doivent point être consultées, pour arrêter le mode d'encouragement qui doit leur être accordé. C'est au Gouvernement, protecteur naturel de l'industrie, en même temps qu'il est le gardien du Trésor public, qu'il convient, seul, de proposer un mode d'encouragement pour l'exécution des travaux d'utilité générale; et, pour satisfaire aux exigeances de sa position, l'Etat doit adopter un système qui, suffisamment encourageant pour les capitalistes, l'affranchisse, néanmoins, chaque fois que cela se peut, de toutes charges financières. Voilà bien, ce nous semble, sous quel point de vue il faut examiner la question des encouragements à accorder aux Compagnies; c'est seulement en partant de ce point, que, sans se préoccuper des convenances de chaque entreprise, ni du vœu des capitalistes, on arrivera à formuler un système rationnel, et applicable à toutes les entreprises, c'est-à-dire un système, qui, en garantissant les concessionnaires contre une ruine complète, permette de réunir facilement les capitaux nécessaires; — qui assure l'achèvement des travaux, avant qu'aucune charge puisse peser sur l'État; — qui ne laisse rien à l'arbitraire, ni au moindre soupçon de corruption ; — un système, enfin, qui n'accorde de secours qu'aux Compagnies qui en ont réellement besoin, et cela, au moment et dans la mesure de ces besoins.

Or, toutes ces conditions, nous les trouvons réunies dans la garantie, par l'État, d'un minimum d'intérêt ; c'est ce que nous avons fait ressortir assez clairement, nous le croyons au moins, dans notre précédent mémoire, et c'est ce que nous achèverons de démontrer dans la suite de ce chapitre, lorsque nous traiterons des motifs qui devraient, selon nous, faire appliquer ce système à toutes les entreprises de travaux publics ; en attendant, nous allons reprendre, pour n'avoir plus à y revenir, les objections qui y ont été faites.

La première et la plus sérieuse objection qu'ait faite, à notre système, l'honorable M. Duchâtel, est celle-ci : « Sur quelle somme portera la garantie ? » Nous répondrons sans hésitation : « Sur la somme dépensée. » Mais, dit-on, l'État ne peut pas s'engager sans connaître l'étendue de l'obligation qu'il contracte. Cet inconvénient, que nous ne cherchons pas à dissimuler, existe tout aussi bien dans le mode d'exécution par l'État ; il existe même à un plus haut dégré.

D'abord, chacun sait que les devis des ponts-et-chaussées ne sont pas, plus que d'autres, à l'abri d'erreurs d'évaluations ; mais la différence en faveur des Compagnies, vient de ce que celles-ci sont plus intéressées, que les agents du Gouvernement, à dépenser le moins possible, puisqu'enfin, c'est leur argent qu'elles dépensent, et que le succès de leurs entreprises, dépend, presque totalement, de leur intelligente économie. Or, l'Etat, en garantissant un minimum d'intérêt à une Compagnie, s'engage moins témérairement que s'il exécutait lui-même ; car, il a, dans l'intérêt personnel de cette Compagnie, une garantie que ne lui offrent point ses agents. Mais si, en définitive, cette garantie morale ne suffisait pas, il serait possible de fixer largement un maximum de dépenses, au-delà duquel, l'Etat cesserait de garantir 4 pour cent de revenu ; une disposition semblable, en limitant les conséquences de la garantie d'intérêt, ajouterait à la masse des avantages qu'offrent, déjà, les Compagnies sur l'administration, pour l'exécution des travaux publics ; car, l'Etat, s'il exécutait lui-même, ne pourrait tracer de limites aux dépenses ; il ne le pourrait pas plus pour les chemins de fer, qu'il ne l'a pu pour les canaux, pour lesquels on a dépensé le double de ce qui avait été prévu ; et cela, sans tenir compte des intérêts et primes que l'on paie toujours, bien que les travaux, par suite de retards apportés à leur exécution, soient encore improductifs. On le voit, cette première objection s'applique, au moins autant, à l'exécution par l'Etat, qu'à celle par les Compagnies particulières; seulement, il faut, de toute nécessité, subir l'inconvénient qu'elle signale dans le premier cas, tandis qu'il peut être levé dans le dernier.

La seconde objection est celle-ci : « Lorsqu'on « garantit 4 pour cent de revenu net, on s'oblige « à payer davantage, si l'entreprise ne couvre « pas ses frais d'entretien. Or, comme on évalue « ceux-ci à 10 pour cent, il en résulterait que , « si le chemin n'avait que 4 à 5 pour cent de pro- « duit brut, l'Etat devrait payer 9 à 10 pour cent « au lieu de 4. »

Nous dirons d'abord qu'un chemin de fer, dans des conditions, non pas même avantageuses, mais ordinaires, celles qu'il faut seulement pour qu'on songe à l'établir, il est, dirons-nous, contre toutes les probabilités, qu'un tel chemin, avec des tarifs convenablement arrêtés, ne couvre pas ses frais d'entretien; ce serait une chose inouie. Mais, admettant que cela puisse arriver, qu'en résulterait-il ? Il est évident que , dans une position aussi fâcheuse, la Compagnie abandonnerait l'exploitation, et ce serait, sans doute, fort peu regrettable ; car, un chemin dont les produits ne suffiraient pas à l'entretien, serait, par cela même, sans utilité réelle pour le public (1). L'Etat continuerait, néanmoins, à payer ce à quoi il s'est engagé, 4 pour cent de revenu pendant 46 ans; mais, rien au-delà. Les matériaux, les terrains, les machines, provenant du chemin abandonné, seraient, dès-lors, acquis à l'État et lui viendraient, ainsi, comme un faible dédommagement des frais de sa garantie (2); il tirerait, au surplus, de ces objets, le parti qui lui paraîtrait le plus convenable; mais, si, à défaut de la Compagnie, il avait des motifs pour continuer l'exploitation, comme ces motifs seraient, nécessairement, d'utilité publique, l'État procurerait alors, au pays, l'avantage d'un chemin de fer qui lui eût coûté un capital moindre que s'il l'avait fait lui-même, à la charge, seulement, de payer, sur ce capital, un intérêt de 4 pour cent pendant 46 ans: ce qui répond à une émission de 3 pour cent *au*

(1) Quelque soit le système appliqué à l'exécution des chemins de fer, on ne pourrait, le voulût-on, forcer les propriétaires à les exploiter s'ils ne couvraient pas leurs frais d'entretien; car, pour exploiter, il faut des ressources qui manqueraient alors totalement. Cette seule observation suffirait pour détruire l'objection.

(2) On pourrait faire, de cet abandon à l'Etat, une clause formelle de la concession.

pair. Or, la supposition à laquelle nous répondons étant également applicable au mode d'exécution par les agents du Gouvernement, nous avons encore ici l'occasion de faire remarquer l'avantage qui résulte, constamment, pour le Trésor, de l'exécution des travaux par les Compagnies ; car, ce n'eût point été avec du 3 pour cent *au pair*, mais bien à 20 ou 25 pour cent au-dessous, que l'État se fût procuré les fonds nécessaires à la confection du chemin.

Il est donc bien démontré, qu'en accordant à une Compagnie la garantie d'un minimum de revenu de 4 pour cent, l'État ne peut, dans aucun cas, être obligé à payer au-delà de ces 4 pour cent (1), et qu'il trouverait, au contraire, un dégrèvement à cette charge, dans l'hypothèse qu'on a posée, d'un chemin qui ne suffirait pas à ses dépenses.

En définitive, la supposition d'un chemin de fer qui ne rapporterait pas, au moins, ses frais d'entretien, nous paraît tout-à-fait gratuite : le chemin de fer de Saint-Étienne, avec toutes ses mauvaises conditions, rapporte environ 3 1/2

---

(1) Bien que nos raisonnements nous paraissent sans réplique, on pourrait, cependant, si l'on n'était pas complétement rassuré à cet égard, introduire, dans l'acte de concession, une clause qui, pour tous les cas, limiterait à 4 pour cent la garantie de l'Etat.

pour cent des capitaux qui y ont été employés;
celui d'Andrezieux à Roanne, qui est en faillite,
et qui ne transporte presque rien par suite de
l'état de détresse où se trouve son administration , fait, néanmoins, plus que ses frais d'entretien ; enfin, on ne trouverait, dans aucun pays,
l'exemple d'un chemin de fer dont les produits
ne couvrent pas les frais ; donc, cela n'est pas
possible, et moins encore en France qu'ailleurs (1).

On a dit, il est vrai, que ce résultat, que nous
regardons comme impossible, pourrait se réaliser si l'on appliquait les revenus à des rectifica-
tions de tracés, à des embranchements, etc., etc.;
en effet, un semblable emploi des revenus pourrait les absorber totalement s'il était possible
qu'il eût lieu. Mais, on oublie donc qu'un chemin, une fois achevé, le capital qu'il a exigé est
arrêté , et que, c'est sur ce capital, seulement,
que l'État est engagé pour sa garantie ; qu'il devient, dès-lors, sans objet, d'appliquer les revenus à autre chose qu'à l'entretien ; que, d'ailleurs, si des changements de tracés et des em-

____

(1) Ce serait alors uniquement une questio nde tarifs, et ce n'est pas
sans raison que nous appelons sans cesse l'attention sur cet objet important.

branchements étaient reconnus nécessaires, ils
ne pourraient s'exécuter sans l'autorisation du
Gouvernement ; que, si le Gouvernement, enfin,
autorisait ces travaux, leur coût viendrait en
augmentation du capital primitif, comme les
nouveaux revenus, produits par ces nouveaux ouvrages, s'ajouteraient à ceux du chemin principal. Nous le disons franchement, nous avons
peine à comprendre qu'on ait pu craindre, un
seul instant, de voir confondre ces dépenses, qui
sont toutes d'exécution, avec celles d'entretien,
surtout quand on songe que les premières ne
peuvent se faire sans autorisation du Gouvernement: c'est comme si l'on supposait que les produits d'un chemin, au lieu d'être employés à
son entretien, pourraient être consacrés à en
créer un autre ; on reconnaîtra avec nous qu'une
pareille supposition n'est pas admissible.

Nous avons à répondre à une dernière objection faite à notre système de garantie d'un minimum de revenu, objection qui a été présentée
comme la plus grave. M. Duchâtel a dit: « Si le
« chemin ne rapporte pas plus de 4 pour cent,
« l'intérêt de la Compagnie sera évidemment de
« dépenser tout son produit brut, soit en traite-
« ments et gaspillages de toute espèce, soit, si
« elle est prudente et sage, en améliorations. »

M. le comte Jaubert avait, en d'autres termes, soulevé la même objection : « La garantie d'in-« térêt, » a-t-il dit, « encourage la négligence et « produit une mauvaise administration, assurée « qu'elle est d'avoir *un bon revenu*. »

On nous permettra de dire que, l'on n'eût point conçu de semblables craintes, si l'on se fût bien pénétré de la position d'une Compagnie à laquelle la garantie d'un minimum de revenu aurait été accordée; et, pour se pénétrer de cette position, il eût suffi de se rendre compte de ce que rapporterait cette garantie qu'on nomme, avec raison , un *minimum de revenu*. Tout le monde sait que, sans peines, sans embarras et sans soucis d'aucune espèce, on peut, en ache-tant des *rentes perpétuelles* sur l'État, se procurer 4 et même 4 1/2 pour cent de ses fonds ; or, du revenu *temporaire* de 4 pour cent, que nous pro-posons de garantir aux Compagnies, 3 pour cent sont consacrés à l'intérêt annuel du capital, et 1 pour cent est destiné à son amortissement. Nous demandons maintenant, à M. le comte Jaubert, s'il trouverait un *bon revenu* de ses capitaux, dans un placement qui, exigeant de lui un travail quelconque , lui rapporterait 3 pour cent l'an ? Ceci prouve , bien clairement, que la garantie d'intérêt n'a qu'un but, celui de rassurer les

Compagnies contre la chance d'une ruine complète, et non pas, de leur donner un *bon revenu*.

Ce que nous venons de dire répond complètement, au moins nous le pensons, à l'objection de M. le comte Jaubert; celle de M. Duchâtel, bien qu'elle ait la même erreur pour base, a, cependant, quelque chose de spécieux qui demande une réfutation à part et plus développée. M. Duchâtel prétend que, si le chemin ne rapporte pas plus de 4 pour cent, l'intérêt de la Compagnie sera, évidemment, de dépenser tout son produit brut en traitements, gaspillages, ou, au moins, en améliorations, la garantie de l'État lui assurant toujours ce même revenu de 4 pour cent.

En premier lieu, nous ne voyons pas quel intérêt pourraient avoir le Conseil d'administration d'une Compagnie, qui a l'initiative des dépenses, et les actionnaires, auxquels il en est rendu compte, à gaspiller et à laisser gaspiller les produits bruts d'un chemin de fer; certes, ce gaspillage ne pourrait avoir lieu au profit des administrateurs, dont les fonctions sont gratuites, et qui ne peuvent être que des gens tout-à-fait honorables; ceci est une chose qu'il faut absolument admettre; car, les administrateurs sont choisi dans l'élite des principaux actionnaires, et ils doivent, dès-lors, être à l'abri de tout soupçon

6

de prévarication , si , toutefois, ce que nous
n'admettons point, la prévarication est possible dans une Compagnie qui a adopté la forme
anonyme. Quant aux actionnaires eux-mèmes,
comme un désordre dans les dépenses ne peut
jamais leur profiter, il n'y a aucune raison pour
qu'ils le tolèrent. En conséquence, la prodigalité,
le gaspillage que l'on craint, ne pouvant avoir
d'objet, ni pour ceux qui ont l'initiative des dépenses, ni pour ceux auxquels les comptes en
sont rendus, l'objection deviendrait par cela seul
sans aucune valeur; mais, il y a plus, c'est que les
administrateurs, aussi bien que les actionnaires,
ont, au contraire, le plus grand intérêt à introduire l'ordre le plus parfait et la plus grande
économie dans les dépenses, quels que soient,
d'ailleurs, les produits du chemin ; en effet, de
ce qu'une ligne de chemin de fer ne produit
pas, pendant les premières années de son exploitation, au-delà de 4 pour cent, s'ensuit-il que
l'on doive renoncer à l'espoir de le voir produire
davantage dans la suite? Or, peut-on supposer
que, dans la seule vue de faire payer au Gouvernement tout ou partie des 4 pour cent qu'il a garantis, c'est-à-dire, pour avoir ce qui ne peut
manquer en tout état de choses, et qui n'est qu'un
pis aller, peut-on supposer, disons-nous, qu'on

aille, dans cette vue, compromettre tout l'avenir d'une entreprise, en autorisant des dépenses folles, et en laissant, enfin, prendre des habitudes de désordre qu'on ne pourrait que fort difficilement réprimer plus tard? On conviendra qu'une Compagnie qui agirait ainsi ferait preuve d'une imprévoyance poussée jusqu'à la stupidité; il faudrait qu'elle n'eût pas la plus légère notion de ses véritables intérêts. Nous n'en dirons pas plus sur cette première partie de l'objection de M. Duchâtel; nous croyons en avoir fait complète justice.

Quant à la seconde partie de cette objection, elle est plus solide en apparence, mais nous ne la croyons pas mieux fondée en réalité. On craint, dit-on, que, si le chemin ne rapporte pas plus de 4 pour cent, on n'en dépense les produits bruts en améliorations, la Compagnie n'ayant plus, dès-lors, aucun intérêt à chercher, ailleurs que dans la garantie de l'État, ce même revenu de 4 pour cent.

Il y a, nous en convenons, dans des dépenses d'améliorations, un intérêt pour la Compagnie qu'on chercherait en vain dans un gaspillage sans raison; nous convenons, également, qu'il serait difficile de fixer une exacte limite entre les frais d'entretien, qui doivent se prélever sur les

produits, et ceux d'amélioration, qui devraient
être considérés comme augmentation de capital.
Mais, les conditions de notre système de garantie sont coordonnées de telle sorte, que, même
une confusion accidentelle dans ces sortes de
dépenses ne serait pas, en définitive, aussi préju-
diciable au Trésor qu'on pourrait le supposer
au premier abord. Une des clauses de notre soumission portait : « S'il arrivait que l'État eût été
« appelé à fournir tout ou partie du minimum
« garanti à la Compagnie, et que les bénéfices nets
« des années subséquentes s'élevassent à plus de
« 6 pour cent, l'excédant de ces 6 pour cent serait
« affecté *en totalité* au remboursement des sommes
« qui auraient été payées par l'État. » Or, comme
des améliorations sont toujours faites dans un but
utile, c'est-à-dire dans la vue d'augmenter les
revenus, sinon elles ne seraient que du gaspillage,
l'augmentation qu'elles produiraient viendrait,
tôt ou tard, à la décharge de l'État, et contri-
buerait, pour sa part, à le faire rentrer dans
ce qu'il aurait pu payer antérieurement par
suite de revenus insuffisants (1).

Néanmoins, les produits d'un chemin de fer
doivent être uniquement appliqués à l'entretien,

(1) Il est encore à remarquer que le chemin devant un jour faire
retour à l'État par suite de son appui, les améliorations eussent été,
en définitive, faites à son profit.

aux frais de gestion et au bénéfice à distribuer
aux actionnaires; et, il faut le reconnaître, il y
aurait toujours inconvénient à détourner ces
produits de leur destination naturelle, même
pour des améliorations; mais, pour que cet inconvénient fût à craindre, il faudrait que la
Compagnie y trouvât un intérêt assez grand,
pour balancer cet autre intérêt, immense pour
elle, intérêt qui domine tous les autres, celui
de ne recourir à la garantie qu'en cas de nécessité absolue; car, il faut que l'on se pénètre
bien de cette vérité, c'est que le recours à la
garantie d'intérêt place, à l'instant, la Compagnie
dans la position la plus fâcheuse à laquelle elle
puisse descendre. En effet, si les produits du
chemin suffisaient seuls à donner 4 pour cent,
il serait possible, il serait même probable,
que les actions ne descendraient pas au-
dessous du pair, parce que le public, voyant
un *revenu réel* de 4 pour cent, conserverait, avec
raison, l'espoir d'un mieux futur. Mais, si la
Compagnie ne pouvait, par elle-même, procurer
ces 4 pour cent à ses actionnaires, si elle était
obligée, pour y suffire, de recourir à la garantie
de l'État, au moment même ses actions baisse-
raient de 30 à 40 pour cent; ceci est de la
dernière évidence, et il ne faut, pour s'en con-

vaincre, que se rapporter au cours de 78 ou 79 francs, qui est celui de la rente 3 pour cent, à laquelle ces actions devraient être assimilées, puisqu'elles rapporteraient le même intérêt; mais à laquelle, cependant, elles seraient inférieures comme placement, parce que les actions industrielles donnent plus d'embarras au porteur, et qu'en définitive, elles ne se réalisent pas à volonté comme les rentes sur l'État. On voit donc qu'une Compagnie, par le seul fait de son recours à la garantie, perdrait, de prime abord, 30 à 40 pour cent de son capital : que l'on décide maintenant si tous ses efforts ne tendront pas à se maintenir au-dessus d'une si misérable position.

Il n'est donc pas à craindre qu'une Compagnie, concessionnaire d'un chemin qui ne produirait pas au-delà de 4 pour cent, détourne jamais les produits de leur destination naturelle, dans la vue de se faire payer tout, ou partie, du minimum de revenu que lui aurait garanti l'État ; une Compagnie mettra, au contraire, tous ses soins et toute son intelligence à obtenir de l'entreprise elle-même, tous les produits qu'elle pourra donner; d'abord, parce que ce minimum de revenu est, comparativement aux valeurs circulantes, au-dessous de tout ce qu'on peut ima-

giner en fait de placements, et ensuite, parce
que le seul fait du recours à la garantie de l'État
produirait, dans l'opinion publique, l'effet moral
le plus désastreux aux intérêts de la Compagnie.

Nous croyons avoir réfuté, d'une manière satisfaisante, toutes les objections qui ont été opposées
à notre système d'encouragement ; nous croyons
avoir prouvé qu'il a le mérite d'appuyer les
Compagnies. sans qu'il puisse jamais devenir la
source d'un bénéfice, ni conséquemment l'objet
d'une spéculation. Au surplus, nous le déclarons,
si le nouvel examen que nous venons de faire,
nous eût amenés à penser que l'application de ce
système dût entraîner un seul des inconvénients
signalés par ses adversaires, nous n'eussions
pas hésité à le reconnaître, et à condamner nous-
mêmes un mode d'encouragement qui n'eût pas,
alors, réuni toutes les conditions d'équité et de
moralité que nous lui voulons ; conditions que
nous regardons comme fondamentales, dans une
transaction où se trouveraient engagés de si
graves intérêts publics et privés.

Nous allons, dans le paragraphe suivant, traiter des avantages qui résulteraient de l'application de ce système d'encouragement à toutes les
entreprises de travaux d'utilité publique, et des
moyens d'arriver à cette application.

§ III.

Nous avons dit qu'un mode d'encouragement applicable à toutes les grandes entreprises d'utilité publique, serait celui qui, en garantissant les Compagnies concessionnaires contre une ruine complète, permettrait de réunir les capitaux nécessaires; celui qui assurerait l'achèvement des travaux, avant qu'aucune charge puisse peser sur l'État; celui qui, enfin, n'accordant de secours qu'aux Compagnies qui en ont réellement besoin, et cela, au moment et dans la mesure de ces besoins, ne laisserait rien à l'arbitraire, ni au moindre soupçon de corruption.

Nous avons dit également, que toutes ces conditions se trouvaient réunies dans le système de garantie, par l'État, d'un minimum de revenu de quatre pour cent; or, c'est ce qui nous reste à démontrer, et nous ne croyons pas que cette démonstration puisse nous entraîner dans de longs développements; car, déjà, en réfutant les objections qui ont été opposées à ce système, nous avons été dans le cas d'aborder une partie des questions que nous devons traiter.

Avant d'entrer dans les raisons qui devraient faire appliquer, à toutes les grandes entreprises de travaux publics, le mode d'encouragement que nous proposons, nous croyons utile de le comparer au seul qui lui ait été et qui puisse lui être opposé, la subvention en argent; cette comparaison, en faisant ressortir la constante supériorité de notre système, sur celui que le Gouvernement a regardé comme préférable dans certains cas, aura pour premier résultat de simplifier la question, en mettant de côté, tout d'abord, l'embarras de prononcer entre deux systèmes; et, pour que nos raisonnements portent juste, nous prendrons, pour terme de comparaison, un chemin pour lequel le Gouvernement avait demandé aux Chambres une subvention en argent; celui de Paris à la frontière Belge.

Une des plus graves objections qui puisse être faite à la subvention en argent, et celle qui se présente la première, c'est la difficulté d'en arrêter le chiffre; quelle base a-t-on pour le fixer, lorsque, et dépenses et produits, tout est inconnu? Le Gouvernement a fourni lui-même la preuve de la gravité de cette objection, lorsque, dans la dernière session des chambres, il a présenté divers projets de concessions de travaux publics; il lui eût été, sans doute, bien difficile, pour ne

pas dire impossible, de justifier les différences
remarquables qui existaient entre ses diverses
propositions. Cependant, l'Administration eût
bien fait de raisonner, de mûrir ses projets de
subvention avant de les présenter aux Chambres;
sa mission est de conduire les discussions et de
les éclairer par des faits; cela est de nécessité
absolue; car c'est compromettre la dignité des
corps législatifs, que d'appeler leurs délibéra-
tions sur des suppositions hasardées; au surplus,
lorsque l'on raisonne dans le vague des hypothèses, le moindre inconvénient est encore de
ne prendre aucun parti, et c'est sans doute ainsi
qu'en a jugé la chambre des députés, en reje-
tant entr'autres projets de loi, celui qui concédait
à M. Cockerill le chemin de Paris à la frontière
Belge, avec une subvention de 20 millions; en
effet, la Chambre, privée des données nécessaires pour se prononcer en connaissance de
cause, a sans doute compris que, si, accordant
la subvention demandée, on reconnaissait plus
tard qu'elle était insuffisante, on risquait de
mettre la Compagnie dans une position fâcheuse
et de compromettre dans l'avenir l'exécution des
travaux; que si, au contraire, la subvention
était supérieure à ce qu'il était équitablement
nécessaire qu'elle fût, l'excédant devenait une

prodigalité, une dissipation des deniers publics. Or, à moins d'un hasard extrêmement heureux, l'un de ces deux cas ne pouvant être évité dans le système de la subvention, cela seul eût du suffire pour ôter au ministère la pensée d'adopter un pareil mode d'encouragement.

Un autre inconvénient attaché à la subvention en argent, inconvénient non moins grave, tout aussi inévitable, et qui produit les mêmes résultats, c'est que la subvention n'atteint pas le but que l'on s'est proposé en l'accordant : celui d'aider les Compagnies dans l'exécution des travaux ; car, ainsi qu'on va le voir, le secours n'arrive pas à sa véritable destination. Les devis du chemin de Paris à la Belgique, que nous prenons pour exemple, évaluaient les dépenses à 80 millions ; et, l'État ayant proposé d'accorder une subvention de 20 millions, il ne restait à émettre que 60 millions d'actions ; mais, ces actions eussent, indubitablement, et sans qu'on pût l'empêcher, été émises à 25 pour cent de prime, ce qui eût porté le prix du chemin, pour les actionnaires, à 80 millions, coût réel ; en conséquence, la subvention, en totalité, eût été un bénéfice pour les concessionnaires seuls, et l'entreprise n'y eût pas profité pour un centime.

Cependant, le don de ces 20 millions avait pour

but d'assurer la prospérité de l'entreprise , par un allègement dans les dépenses ; or, nous demandons si la privation d'un secours aussi considérable, n'aurait pas eu une influence funeste sur les opérations de la Compagnie, et conséquemment sur le sort des actionnaires ? La réponse ne peut être douteuse ; car 20 millions de plus ou de moins ne sont pas sans importance sur les résultats d'une entreprise de 80 millions. Mais admettons, néanmoins, que le chemin n'eût point, en définitive, été payé trop cher 80 millions, et que ce prix eût encore laissé, à la Compagnie, la possibilité de faire des bénéfices satisfaisants, alors, la subvention était inutile, et, dans ce cas, le Ministère et les Chambres eussent eu vivement à se reprocher d'avoir prodigué, dissipé, les fonds de l'État, en votant une somme énorme, lorsque l'expérience fût venu démontrer par la suite l'inopportunité d'un pareil sacrifice. On le voit, la subvention en argent n'aurait d'utilité réelle dans aucun cas ; donc, rien ne justifierait la charge qu'elle imposerait au Trésor : en effet, si le secours était nécessaire, la subvention ne serait autre chose qu'une dangereuse déception, puisqu'elle n'arriverait pas à ceux en vue desquels elle aurait été accordée ; si , au contraire, l'entreprise eût pu prospérer sans aucun secours, il eût été... ...le de la subventionner.

La garantie d'un mi: mum de revenu de 4
pour cent ne présente aucun des graves inconvénients que nous venons de signaler; ici, l'État n'a
point à faire, de prime abord , un sacrifice d'argent dont l'inutilité pourrait être reconnue plus
tard, et dont le chiffre, en tous cas, ne peut être
fixé avec justesse ; si le Trésor est appelé à pourvoir à tout ou partie des 4 pour cent garantis, ce
ne peut être qu'après l'entier achèvement des travaux, et lorsque, le chemin étant en exploitation
complète, les comptes de l'année auront prouvé
que les produits sont au-dessous de 4 pour cent;
c'est-à-dire, que le secours ne sera donné qu'au
moment même où il sera bien démontré qu'il
est devenu nécessaire; et, comme ce secours arrive directement à ceux auxquels il est destiné ,
aux véritables actionnaires; comme il est impossible qu'il soit détourné de cette destination , il
ne peut être l'objet d'aucune spéculation de la
part de personne. Enfin , le taux de 4 pour cent
fixé à la garantie ; en permettant de donner 3
pour cent d'intérêt annuel et de consacrer 1 pour
cent à l'amortissement du capital, est la juste
mesure de ce que doit être un secours, c'est-à-
dire qu'il ne fait que, rigoureusement, empêcher
la ruine de l'entreprise; plus bas, il n'eût pas

été suffisant pour attirer les capitaux ; plus haut,
il eût pu justifier, en partie, les objections qui
ont été faites à ce mode d'encouragement. Mais
un avantage inappréciable de ce système, avantage dont est complètement privé celui de la subvention, c'est que la garantie d'un minimum de
revenu de 4 pour cent n'étant que conditionnelle,
le Trésor, dans la plupart des cas, n'aura aucun
sacrifice à faire ; en effet, par la même raison
que, lorsqu'une entreprise ne produira que 2 ou
3 pour cent, l'État aura à contribuer pour 2 ou
1 pour cent, il suffira qu'une entreprise produise
4 pour cent pour que l'État n'ait rien à payer ;
or, il est évident que ce cas se présentera fré-
quemment ; car, pour trouver des soumissionnai-
res sérieux, il faut, de toute nécessité, qu'un
chemin de fer donne en perspective plus de 4
pour cent de produit, d'où il résulte que chaque
fois qu'une entreprise donnera moins, ou même
ne donnera que 4 pour cent, c'est que les sou-
missionnaires se seront fort trompés dans leurs
calculs ; or, comme des hommes sages, des hommes assez recommandables pour mériter la confiance du Gouvernement et des Chambres, comme
de tels hommes, enfin, avant de s'engager dans
une grande affaire, l'examinent avec soin, on
doit conclure que la plus grande partie des en-

treprises donneront 4 pour cent et au-delà, et qu'en conséquence la garantie d'un minimum de revenu exigera bien rarement des sacrifices de la part du Trésor.

Il est encore une raison pour préférer notre système à celui de la subvention en argent, c'est que, avec la garantie d'un minimum de revenu, les actions d'une Compagnie seront moins livrées à la spéculation, et par suite à l'agiotage. Nous n'entendons cependant pas blâmer les opérations sur les actions industrielles, en tant qu'elles restent dans de sages limites; nous savons d'ailleurs, que lorsque l'on crée des valeurs nouvelles, elles doivent nécessairement appeler l'attention publique et la spéculation; mais ce à quoi il importerait de mettre un frein, autant que possible, c'est au jeu, à l'excès de la spéculation, qui, produisant des fluctuations violentes, amènent des crises et des désastres. Or, il faut remarquer que le jeu est d'autant plus intense qu'il s'exerce sur les actions flottantes, c'est-à-dire, sur celles, qui, n'étant pas classées, n'ont point de maître véritable; ces actions sont réellement sans propriétaires, car elles ne font que passer entre les mains des spéculateurs, soit qu'ils les revendent à d'autres gens non moins aventureux, soit qu'ils s'en servent pour contracter des emprunts momentanés au moyens de reports. Or, il faut le reconnaître, dans le système de la subvention, presque toutes les actions resteront flottantes jusqu'à ce que les produits des entreprises aient pu être appréciés, non sur des suppositions, mais sur des faits; jusque-là, elles ne se classeront pas, parce qu'elles n'auront pas acquis ce caractère de solidité qui les ferait rechercher des personnes sages; elles seront donc long-temps, et dans une grande proportion, l'objet de la spéculation et du jeu.

Mais il n'en serait pas ainsi des actions d'une Compagnie à laquelle l'État eût garanti un minimum de revenu; avec ce système, elles prendraient à l'instant le caractère de l'effet public, et finiraient par se classer comme lui; en effet, le père de famille, le rentier, tous ceux qui par position sont tenus à beaucoup de réserve dans l'emploi de leurs fonds, n'hésiteraient pas à se charger, aussitôt qu'elle paraîtrait, d'une valeur qui réunirait toutes les conditions d'un bon placement: d'abord, sûreté pour le capital et certitude d'un faible intérêt, et ensuite, chances probables d'un bénéfice supérieur à cet intérêt garanti. Or, ce n'est point un des moindres avantages que présente notre système sur celui de la subvention, que celui de donner aux entreprises aux-

quelles il serait appliqué, ce caractère de sta-
bilité, qui, assimilant leurs actions aux valeurs
regardées comme les plus solides, les ferait
rechercher des hommes les plus prudents, et
même les plus timides; car, ce serait ainsi que,
se classant tout naturellement dans des mains qui
les garderaient, elles seraient mises, autant qu'il
est possible de l'espérer, hors des atteintes de l'a-
giotage, dont on s'effraie avec tant de raison.

A l'époque où les besoins du Trésor obli-
geaient à des émissions de rentes considérables
et fréquentes, et jusqu'à ce que le développement du crédit public et le temps en eussent
permis le classement, la bourse était sujette à
des fluctuations nombreuses et à des crises pé-
riodiques violentes, dont le souvenir est encore
présent à bien des esprits, tandis qu'aujourd'hui,
que la rente est classée, ces tristes circonstances
ne sont plus à craindre, et les variations dans
les cours sont presque imperceptibles; assurément, ce qu'on doit désirer le plus, c'est d'obtenir, pour les actions des grandes entreprises,
un résultat analogue, et l'on conviendra que le
moyen se trouve dans la garantie de l'État, qui
assimilerait ces actions aux effets publics; caractère précieux que nous nous efforçons de leur
faire obtenir, non pas seulement dans l'intérêt

des actionnaires, mais surtout dans l'intérêt général bien entendu.

Pour terminer la comparaison entre le système de la garantie d'intérêt et celui d'une subvention en argent, et pour achever de démontrer
la supériorité du premier sur le second, nous
allons prouver, par des chiffres, que la garantie,
en supposant les chances les plus mauvaises aux
entreprises, en supposant que celles-ci ne produisent presque rien, nous allons, disons-nous,
prouver que, dans les cas les plus fâcheux et les
moins probables, la garantie d'un minimum de
revenu serait encore moins onéreuse au Trésor
qu'une subvention en argent; nous prendrons
toujours, pour terme de comparaison, le chemin
de Paris à la frontière belge.

Le projet de concession du chemin de fer de
Paris à la Belgique, présenté aux Chambres dans
la précédente session, stipulait, en faveur du
concessionnaire, une subvention en argent du
quart de la dépense, soit 20 millions de francs.
Opposant, à cette subvention, le mode de garantie d'un minimum de revenu pendant 46 ans,
nous allons supposer que l'État, accordant la garantie que nous demandons, met, néanmoins, en
réserve cette somme de 20 millions qu'il avait
d'abord destinée à subventionner l'entreprise.

Admettons donc que l'État tire du Trésor 20 millions de francs, et qu'il les place à la Caisse des dépôts et consignations, à l'intérêt composé de 4 1/2 pour cent; ainsi placée, cette somme, au bout de 46 ans, à partir de l'achèvement des travaux, se trouvera être de... Fr. 180,650,000 »
Or, la garantie d'intérêt n'étant que conditionnelle, c'est-à-dire que l'État n'a à payer que si l'entreprise ne produit pas 4 pour cent, il s'ensuit que, si le chemin de Paris à la frontière belge donne seulement 4 pour cent de produit net, le Trésor n'a absolument rien à débourser pour le fait de la garantie; donc, dans ce cas, qui est le plus probable, l'adoption de notre système procurerait à l'État, sur celui de la subvention, au bout de 46 ans, un bénéfice réel de.................... Fr. 180,650,000 »
Supposons maintenant que le chemin ne produise, en moyenne, pendant 46 ans, que 3 pour cent des capitaux dépensés; nous trouvons à la fin de ce terme, tous intérêts compensés, un bénéfice pour l'État de......... Fr. 63,771,000 »
Si le chemin ne donne que 2 1/2 pour cent, le bénéfice est encore de......... Fr. 5,440,000 »
Enfin, s'il ne produit que 2 pour cent, ce qui, il faut le reconnaître, est impossible pendant un aussi long espace de temps, et pour un chemin

dans des conditions favorables comme se trouve celui dont il est question, la perte pour l'État serait de.................... Fr. 53,107,000 »

Ainsi donc, plaçant la somme destinée à la subvention, et adoptant le système de la garantie, nous trouvons, à l'expiration des 46 années, la *chance probable* pour le Trésor d'un bénéfice de 180 millions 650 mille francs, contre la *chance à peu près impossible* d'une perte de 53 millions 107 mille francs. Tels sont les deux termes extrêmes de la comparaison entre les deux systèmes.

On en conviendra, nous sommes dans le vrai lorsque nous admettons, comme probable, le revenu moyen de 4 pour cent pour le chemin de Paris à la frontière belge, pendant une période de 46 ans; et lorsque nous regardons comme impossible que ce chemin ne produise que 2 pour cent, en moyenne, pendant ce même espace de temps, ceci ne sera pas contesté, surtout, si l'on se rappelle que, par une des conditions de l'acte de garantie, l'État a droit au remboursement des sommes qu'il aurait pu payer par suite de revenus insuffisans de certaines années, chaque fois que les revenus d'autres années excèderaient 6 pour cent, la totalité de cet excédant étant spécialement affectée à ce remboursement; certes, une période de 46 ans permet de compter sur l'efficacité d'une semblable clause. Il résulte donc bien évidemment de ce qui précède, que, si les Chambres eussent accordé la subvention de 20 millions demandée pour le chemin dont il s'agit, elles eussent fait un sacrifice énorme ; sacrifice que lui eût épargné probablement en totalité, mais bien certainement en grande partie, l'adoption du système de la garantie.

Nous croyons avoir suffisamment fait ressortir les avantages que présente notre système d'encouragement, sur celui qui lui a été opposé ; nous pensons qu'il ne doit rester aucun doute sur les dangers qu'il y aurait à adopter la subvention en argent comme mode d'encouragement pour les travaux publics ; il doit être également évident, par la comparaison que nous avons faite des deux systèmes, que celui de la garantie d'intérêt, non-seulement n'offre aucun des inconvénients attachés à la subvention, mais encore qu'il offre tous les gages d'une parfaite moralité ; enfin, dans le système de la subvention en argent, on ne verra, nous le croyons, qu'une imprévoyante prodigalité des deniers de l'État ; dans celui de la garantie d'un minimum de revenu, on reconnaîtra, au contraire, tous les caractères de la prévoyance et d'une sage économie. Nous pourrions ajouter beaucoup de choses à l'appui de cette opinion, qui est devenue chez nous une profonde conviction ; mais, nous croyons inutile de nous appesantir davantage sur une question qui doit être résolue pour tous ceux qui veulent réfléchir et se rendre un compte exact et sincère des conséquences de l'un et de l'autre système.

Maintenant qu'il doit être bien reconnu que le seul mode d'encouragement que puisse adopter le Gouvernement, est celui de la garantie d'un minimum de revenu, il nous resterait à examiner si ce système réunit toutes les conditions qu'exigerait son application à toutes les entreprises de grands travaux publics. Mais, ainsi que déjà nous l'avons fait observer, nous aurons peu de choses à dire pour arriver à la démonstration ; car les avantages de ce mode d'encouragement ont été suffisamment mis en évidence, aussi bien lorsque nous avons réfuté les objections qu'il avait soulevées, que quand nous l'avons comparé au système de la subvention qui lui était opposé. En effet, que pourrions-nous ajouter pour prouver que la garantie d'intérêt permettrait de réunir tous les capitaux nécessaires aux plus grands travaux, après avoir démontré que ce mode d'encouragement est le seul qui, de long-temps au moins, déterminerait les hommes sages et prévoyants à entrer dans ces sortes d'en-

treprises? Que pourrions-nous dire pour faire comprendre que la garantie d'intérêt assurerait l'entier et loyal achèvement des voies nouvelles,
puisque ce n'est qu'après cet achèvement que cette
garantie commencerait à avoir son effet, et que
serait arrêté le capital sur lequel elle porterait?
Que dirons-nous, enfin, que nous n'ayons déjà dit,
pour démontrer que ce système est économe des
fonds du Trésor, qu'il ne laisserait rien à l'arbitraire, ni au moindre soupçon de corruption? Car
n'avons-nous pas montré, jusqu'à l'évidence,
qu'avec lui les Compagnies ne seraient secourues
que dans le cas d'absolue nécessité, et cela, au
moment même où le besoin se ferait positivemen t
et bien clairement sentir; et qu'enfin le secours
arriverait directement à sa destination, sans
qu'un centime puisse jamais en être détourné?
Quelles raisons aurions-nous donc encore à faire
valoir, en faveur d'un mode d'encouragement qui
réunit, sans contestation, toutes les conditions
que nous venons d'énumérer, et qui présente ce
haut degré de moralité, que le secours fourni
dans les années les moins heureuses n'est considéré que comme une avance à rembourser dans
les temps meilleurs? On le voit, de nouveaux développements seraient maintenant sans objet, et
il ne nous reste qu'à appeler de nos vœux l'ap-

plication de ce système à toutes les grandes entreprises de travaux publics.

Pour bien comprendre la nécessité de faire de
notre système d'encouragement une application
générale aux travaux d'utilité publique, il faut
se rendre compte de l'immensité de ces travaux,
et des énormes dépenses qu'ils exigeront; il ne
s'agit pas de créer quelques chemins de fer et
quelques canaux, il s'agit de sillonner la France
de voies de communications nouvelles, lesquelles, embrassant toutes les portions de son
territoire, profitent à la nation tout entière. Or,
déjà, nous l'avons dit, il serait dangereux de
confier à l'État seul des travaux qui demanderaient des capitaux aussi considérables; il n'est
même pas probable que les Chambres consentent
jamais à entrer dans une telle voie, car elle serait sans fin; elles comprendront que, pour agir
prudemment, elles ne pourraient allouer, chaque
année, que des sommes au-dessous de ce qui faudrait qu'elles fussent, ce qui reporterait l'achèvement des travaux à des époques fort éloignées; et
ceci serait déjà un grand mal, mais le mal pourrait être plus grand encore; car, si restreintes
que soient les sommes affectées annuellement
à l'exécution de ces travaux, qui peut affirmer
que le Trésor serait toujours en position d'y faire

face? qui oserait répondre des événements?
L'État risquerait donc de dépenser des sommes
importantes pour commencer des ouvrages qu'il se
trouverait ensuite dans l'impossibilité d'achever.

Le Gouvernement devant, en conséquence,
recourir à l'industrie privée pour satisfaire au
vœu le plus légitime et le plus ardent du pays, celui de créer, aussitôt que possible, un vaste réseau
de communications nouvelles, il faut appliquer
à l'exécution de ces travaux un mode d'encouragement qui appelle de toutes parts les capitaux
particuliers; or, ce mode d'encouragement est,
ainsi que nous l'avons assez prouvé, la garantie
aux Compagnies, de la part de l'État, d'un minimum de revenu de 4 pour cent.

Dans notre premier mémoire, nous avions
fixé le terme de la garantie à 25 ou 30 ans. Mais
de nouvelles et sérieuses réflexions nous ont
fait reconnaître que, pour atteindre le but que
nous nous sommes proposé, ce terme devait être
porté à 46 ans; nous avons reconnu que, pour
rendre l'encouragement complet, rationnel, il fal-
lait qu'il assurât 3 pour cent d'intérêt annuel et
l'amortissement du capital dans un temps donné;
or, pour obtenir ce résultat, 46 ans sont rigoureusement nécessaires.

On s'effraierait à tort de la durée que nous

fixons à la garantie; car, dans beaucoup de cas,
ceux où les entreprises rapporteraient 4 pour
cent, cette durée serait tout-à-fait indifférente,
puisque l'État n'aurait rien à payer; mais, si, au
contraire, les entreprises rapportaient moins
d'abord, et qu'en conséquence l'État eût à fournir
une partie des 4 pour cent garantis; dans ce cas,
plus la garantie aurait de durée, plus l'État aurait la chance, par des succès quelquefois tardifs
dans ces sortes d'exploitations, de rentrer dans
ses débours antérieurs qui, alors, ne seraient
plus que des avances. Mais, mettant les choses
au pis, et supposant que, pendant toute cette
longue période de 46 ans, il y ait, en moyenne,
une insuffisance de 2 pour cent à payer par le
Trésor, la prolongation de la garantie serait encore fort peu de chose en résultat; en effet, une
affaire de 100 millions garantie pendant 46 ans,
au lieu de 30, donne lieu à un paiement de 2
millions, à partir de l'achèvement des travaux,
soit dans 10 ans, à peu près, à dater du commencement; or, les seize annuités de 2 millions à
payer en plus, ne valant, au moment de la concession et à l'escompte de 4 pour cent, que 4 millions 1/2, on voit que la différence ne vaudrait
pas la peine que l'on s'y arrêtât.

Mais un avantage important attaché à la période de 46 ans, avantage auprès duquel s'effacent les petits inconvénients que l'on pourrait trouver dans une aussi longue durée, c'est celui d'imprimer aux actions auxquelles la garantie est accordée, le caractère de l'effet public, et de leur donner, en conséquence, tout d'abord, ce reflet de sécurité, de solidité, dont jouissent de nos jours les rentes sur l'État; cet avantage a une immense portée, et il ne serait pas possible de l'abandonner sans bouleverser entièrement le système de la garantie; car, ce qui fait la force de ce système, ce qui le rend si propre à attirer les capitaux sérieux et en quantité suffisante, quelle que soit la masse des travaux à exécuter, c'est la certitude qu'il donne d'un faible intérêt d'abord, et de l'amortissement du capital ensuite; or, la garantie ne satisfait plus à ces conditions fondamentales, si elle est réduite à un terme au-dessous de 46 ans; dès-lors, elle rentre dans la classe des encouragements inefficaces et conséquemment aventureux. Il faut donc, de toute nécessité, admettre que la durée de la garantie sera de 46 ans.

Ceci reconnu et admis, il s'agirait de créer une nouvelle dette publique; mais le Grand-livre sur lequel elle serait inscrite, plus heureux que son devancier, si lourdement chargé pour cicatriser les plaies de la guerre, serait destiné à encourager et à développer l'industrie ; mission toute de paix, et qui aurait les plus heureux effets sur les destinées du pays. Cette nouvelle dette pourrait s'appeler : *Dette publique* TEMPORAIRE ET CONDITIONNELLE *créée pour l'encouragement des grands travaux publics.*

C'est sur ce nouveau Grand-livre que l'on inscrirait toutes les garanties que le Gouvernement croirait devoir accorder aux Compagnies, honorables et solides, qui se présenteraient pour exécuter les grands travaux d'utilité publique.

Ces garanties assureraient uniformément, à ces Compagnies, un revenu net de 4 pour cent pendant l'espace de 46 ans, à dater de l'achèvement complet et de la mise en exploitation des travaux.

Les Compagnies, ainsi garanties, seraient tenues de créer des actions dotées d'un intérêt annuel de 3 pour cent, et d'un amortissement de 1 pour cent. Chaque année, l'excédant des revenus, s'il y en avait, serait réparti conformément aux statuts.

Dans le cas où, pour faire face à cet intérêt annuel de 3 pour cent et à cet amortissement de 1 pour cent, les Compagnies étaient obligées, de recourir à la garantie du Trésor, les paiements à faire par celui-ci ne seraient effectués qu'à titre d'avances, jusqu'au moment où, l'entreprise venant à prospérer, ces avances seraient remboursées par l'application qui leur serait faite de l'excédant du revenu net de 6 pour cent, jusqu'à parfaite extinction.

Enfin, dans la vue de pourvoir, d'avance, aux éventualités des garanties accordées par l'État, celui-ci créerait, immédiatement, un fonds de réserve destiné à l'extinction de cette nouvelle dette publique. Nous expliquerons plus loin, et dans un chapitre à part, comment nous entendrions former cette caisse de réserve, sans qu'il en résultât aucune charge pour le Trésor public.

Tel est l'ensemble des dispositions qui composent notre système de voies et moyens pour l'encouragement et le développement des grands travaux publics; examinons maintenant quelle charge il pourrait faire peser sur le Trésor, en supposant que l'on exécute pour *deux milliards* de travaux, et que la moitié des entreprises produise 4 pour cent et au-delà, et que l'autre moitié ne produise *absolument rien*. Certes, il est impossible de mettre les choses au pis; nous faisons la part bien large aux éventualités défavorables, et nous croyons que tout le monde trouvera nos suppositions beaucoup au-dessous

des probabilités; car, admettre que des entreprises évaluées un milliard seront continuellement
improductives pendant 46 ans, sans qu'aucune
d'elles, contrairement à ce qui arrive toujours,
ne parvienne, pendant un aussi long espace de
temps, à produire quelque chose qui allége d'autant la charge imposée par la garantie; sans
qu'aucune d'elles ne parvienne, enfin, à se relever
et à rembourser tout ou partie des avances que
l'État lui aurait faites, c'est, on en conviendra,
admettre l'impossible; il faudrait, pour qu'un
fait aussi extraordinaire se présentât, que les
personnes qui ont conçu la pensée de toutes ces
entreprises, aussi bien que celles qui les ont au-
torisées, fussent également dépourvues de ce sens
qui fait juger les affaires. Cependant, dans cette
hypothèse si rigoureuse, le Grand-livre de la
dette publique temporaire et conditionnelle, ne
serait encore grevé que d'une annuité de 40
millions, payable pendant 46 ans, à partir, et au
fur et à mesure, de l'achèvement des entreprises
garanties (1). Or, ce serait une charge bien mi-

(1) Ces 40 millions devant être servis pendant 46 années, consti-
tueraient une dépense totale de 1,840 millions payables, en moyenne,
dans 23 années; mais, comme dans notre système les paiements ne
commencent qu'après l'achèvement des travaux, cela recule de
10 ans, au moins, l'époque du commencement de ce service. L'État
aurait donc à payer cette somme dans 33 ans, et sa valeur réelle,

nime, si on la compare au bien que produirait une somme de deux milliards employée à l'exécution des grands travaux d'utilité générale ; une telle somme, ajoutée à celle qu'emploiera, pour les travaux moins importants, l'industrie privée abandonnée à elle-même, toutes ces ressources réunies, procureraient à la France, dans moins de 25 ans, le système de communications le plus beau et le plus complet : chemins de fer, canaux, amélioration de la navigation des rivières et des ports ; docks, entrepôts, etc., etc.; tout ce que réclament depuis si long-temps les besoins du pays serait exécuté ; et alors, la France, placée au niveau des nations les plus richement dotées sous le rapport des ouvrages d'utilité publique, n'aurait plus rien à envier à l'Angleterre.

Il faut en convenir, s'il devait être fait, le sacrifice dont nous venons d'établir le chiffre ne serait rien en présence du résultat qu'il eût aidé à produire ; en effet, il est aujourd'hui bien reconnu qu'un des grands éléments de la richesse d'un état est dans la création et le perfectionnement des voies de communications; on peut donc juger de l'influence qu'exercerait sur les recettes

ramenée à ce moment-là, au taux de quatre et demi pour cent, n'est plus que de 430 millions, chiffre inférieur à celui que la subvention eût exigé.

du Trésor, l'exécution d'immenses travaux de ce genre. Or, comme nous ne croyons pas trop présumer des ressources du pays, en admettant qu'au moyen de notre système, 25 ans suffiraient pour créer et exécuter des ouvrages d'utilité générale pour une somme de deux milliards, il en résulterait qu'au moment où l'État serait appelé à faire la plus grande partie du sacrifice, il recueillerait, déjà, bien au-delà de ce que ce sacrifice pourrait exiger.

On le voit, la garantie d'un minimum de revenu ne peut jamais, en définitive, devenir un sacrifice réel pour le Trésor, même en se basant sur les chances les plus défavorables aux entreprises; ce mode d'encouragement, au contraire, en attirant immédiatement tous les capitaux nécessaires aux travaux, et en hâtant ainsi leur achèvement total, procurerait à l'État, au bout de 25 ans, *un revenu certain et perpétuel*, bien supérieur à ce que pourrait exiger la *garantie éventuelle et temporaire* qu'il eût donnée. Certes, nous croyons qu'on chercherait vainement, hors de notre système, la possibilité d'arriver à un résultat pareil, et dans un aussi court espace de temps.

Mais ces avantages ne sont pas les seuls qui doivent faire désirer la prompte ouverture des nouvelles voies de communications ; le public, particulièrement, doit en recueillir d'autres non moins importants ; nous allons essayer, par des chiffres, d'en indiquer quelques uns. Nous avons dit que les chemins de fer offraient, généralement, sur les voies actuelles, une économie d'environ 50 pour cent sur le transport des marchandises qui emploient le mode le moins coûteux aujourd'hui, le roulage ; et que cette économie était, en moyenne, de 40 pour cent, environ, pour les personnes qui voyagent par les messageries ou la poste ; tout cela sans tenir compte de la célérité qui est inappréciable pour les voyageurs, et qui, dans bien des cas, a un grand prix pour les marchandises.

Or, l'on sait que les messageries reçoivent annuellement environ 67 millions, dont :

46 millions par les voyageurs.
17　》　　pour les marchandises.
4　》　　》 matières précieuses.

On sait également que l'administration des postes reçoit des voyageurs, sur les routes qui seraient remplacées par les grandes lignes de chemins de fer, 1 million 700 mille francs.

Que la poste aux chevaux perçoit pour le même objet, chaque année, en France, de 5 à 6 millions.

Que l'on estime les frais de transport, par roulage, au-delà de 450 millions.

8

On peut donc, dès à présent, apprécier à peu près à sa juste valeur l'économie qui résulterait, pour le public, de la jouissance des chemins de fer lorsqu'ils seront établis ; il ne s'agirait rien moins que d'environ 250 millions par année.

Quant aux voies navigables, qui obtiennent la préférence pour les marchandises encombrantes et de peu de valeur, comme leur emploi est encore beaucoup plus économique que toute autre voie, même celle des chemins de fer, on peut se faire une idée de l'économie considérable que procureraient, au commerce et à l'agriculture, 5 ou 6 mille kilomètres de canaux nouveaux, en supposant, ce qui serait possible, qu'on les exécutât au moyen de notre système d'encouragement.

Ce n'est cependant pas là, encore, que s'arrêtent les avantages que procurera l'exécution de ces travaux ; il en est d'autres plus considérables peut-être ; et, à ce sujet, nous renvoyons aux ouvrages des Dutens, Brisson, Deschamps, Huerne de Pommeuse, Gauthier, Dupont de Nemours, etc. qui, tous, s'accordent à estimer de 50 à 60 pour cent les revenus de tous genres acquis à la masse, c'est-à-dire au pays, par l'ouverture d'un canal, dont le péage, proprement dit, est souvent même insuffisant pour indemniser ses fondateurs (1).

(1) Voir aux notes et documents quelques citations extraites des ouvrages de ces auteurs.

Au surplus, nous ne nous arrêterons pas plus long-temps sur les avantages matériels que retire-raient le pays et le Trésor public, de la jouissance des nouvelles voies de communications; il a suffi de les indiquer pour faire comprendre jusqu'où ils peuvent s'étendre. Nous avons eu en vue, en abordant ce sujet, de faire ressortir le préjudice qui résulterait, pour le pays, de nouveaux ajourne-ments dans l'exécution des grands travaux d'utilité générale; or, on voit que chaque année de retard, en privant la nation toute entière des économies ou des bénéfices que ces travaux de-vront lui procurer, est une perte immense, irré-parable, qu'on ne peut évaluer, annuellement, à moins de 300 millions; car, tout bénéfice qu'on peut faire et qu'on ne fait pas, est une perte réelle.

Les efforts du Gouvernement et des Chembres doivent donc être dirigés vers le moyen de sortir, au plus tôt, de l'état d'incertitude où ils se trou-vent, et qui, depuis trop long-temps, est si pré-judiciable aux intérêts du pays; nous croyons que ce moyen est dans l'application, générale et uniforme, d'un mode d'encouragement qui ap-pelle tous les capitaux nécessaires à la masse d'ouvrages dont l'exécution est si vivement dési-rée; c'est-à-dire dans la garantie, par l'État, d'un minimum de revenu de 4 pour cent; car ce mode d'encouragement, en créant des valeurs nouvelles hypothéquées sur le sol, valeurs qui, participant de l'effet public et de l'action industrielle, et offrant ainsi la sécurité de l'un, et l'attrait de l'autre, ce mode, disons-nous, attirera tous les capitaux petits et grands, les plus craintifs comme les plus hardis; on reconnaîtra, enfin, que ce mode est le seul qui réunisse, à toutes les conditions qui peuvent faire arriver à une prompte et économique exécution des travaux publics, un cachet de haute moralité qui en rend l'application sans danger; nous insistons donc, de toute la force de notre conviction, pour que l'on se hâte de l'accorder à toutes les compagnies honorables qui le demanderont, et qui, surtout, se formeront dans le but d'ouvrir les grandes lignes de chemin de fer et de canaux (1); nous insistons avec d'autant plus de chaleur,

(1) L'application du système de la garantie produirait encore un bien; il permettrait à des institutions, telles que la Banque et la Caisse des dépôts et consignations, d'aider directement l'industrie, ce que leur position ne leur a pas permis jusqu'ici; ces institutions pourraient faire des avances aux actions qui jouiraient de la garantie, et il en résulterait que de grands capitaux, improductifs aujourd'hui, rentreraient dans la circulation, et qu'enfin, on ferait cesser l'embarras où se trouve actuellement le Trésor pour faire valoir les fonds des caisses d'épargnes, embarras qui va toujours croissant. Cette considération est, nous le pensons, d'un assez grand poids.

qu'il nous est bien démontré qu'il n'y a pas d'autre moyen rationnel d'arriver au but; et qu'en s'attachant à un autre système, ou en confiant l'exécution des travaux à l'État, on entrerait dans des voies dangereuses et dont il serait difficile d'entrevoir l'issue.

CHAPITRE IV.

DE LA CRÉATION D'UN FONDS DE RÉSERVE APPLICABLE AUX ÉVENTUALITÉS DE LA GARANTIE DE L'ÉTAT.

Dans notre premier mémoire, nous avons prouvé que, *dans les hypothèses les plus défavorables*, le système de la garantie d'intérêt appliqué à des entreprises exécutant pour un milliard de travaux publics, n'entraînerait l'État qu'à une charge annuelle de 6 millions pendant 40 années environ (1); d'où il résulte que, supposant

(1) Dans le chapitre précédent, nous avons établi des calculs sur des hypothèses plus défavorables encore, et qui, conséquemment, portent à un chiffre plus élevé le sacrifice à faire par l'État; mais ces hypothèses étant hors de toutes les probabilités, nous avons cru devoir ici, qu'il s'agit de comparer le sacrifice aux ressources qui doivent le couvrir, nous appuyer sur des données plus rationnelles, bien que toujours fort au-dessous des produits que donneront, indubita·blement, les nouvelles voies de communications. (Voir aux notes et documents les calculs établis dans notre premier mémoire).

des travaux exécutés pour la somme énorme de 2 milliards et admettant les mêmes éventualités défavorables, le Trésor pourrait pourvoir aux engagements qu'il aurait contractés, en s'imposant, immédiatement, la charge d'une annuité de 12 millions pendant 40 années. Voilà donc, en définitive, à quoi se réduirait la dette qu'il faudrait inscrire au Grand-livre, pour créer les plus grands travaux d'utilité publique. Mais, les bénéfices que ferait l'État, par suite de ces mêmes travaux, pourraient servir, en partie, à créer une réserve destinée à parer aux éventualités des garanties accordées, et fournir bien au-delà des sommes qui seraient nécessaires dans l'hypothèse que nous avons posée; ceci, indépendamment des excédants considérables de revenus que produiraient les impôts indirects, et qui viendraient enrichir le budget des recettes.

Ce fonds de réserve, que nous proposons d'établir, pourrait se former des éléments suivants :

1° Du bénéfice sur la solde des troupes employées aux travaux.

2° Des droits d'entrée des rails et des machines locomotives que l'on tirerait de l'étranger.

3° De l'augmentation, qui résulterait de l'établissement des chemins de fer, sur le droit du dixième perçu sur les voyageurs.

4° Des droits d'enregistrement de tous les actes relatifs aux travaux des Compagnies garanties.

5° Des économies que ferait l'État par suite de l'établissement des nouvelles voies de communications.

Nous allons examiner, chacun à leur tour, ces éléments spéciaux de revenus, et, les considérant ensuite dans leur ensemble, nous verrons si c'est avec raison que l'on a craint, en adoptant notre système de garantie, de charger légèrement l'avenir d'une dette qui pourrait un jour embarrasser nos finances; nous verrons, enfin, si les appréhensions que l'on a paru avoir à ce sujet sont fondées, et si elles doivent empêcher le Gouvernement d'entrer dans la voie que nous lui proposons de suivre.

1° *Bénéfice sur la solde des troupes employées aux travaux publics.* Ce serait nous écarter de l'objet de notre travail, que d'entrer ici dans les nombreux motifs qui feraient, de l'emploi d'une portion de notre immense armée, une des mesures d'économie publique les plus désirables et les mieux entendues. Nous raisonnons comme si, en présence de grands travaux à exécuter simultanément, ce secours d'hommes était, non-seulement utile, mais indispensable pour éviter une perturbation fâcheuse dans le prix de la main-d'œuvre, et nous disons qu'alors, il en devrait résulter une économie notable dans les dépenses du ministère de la guerre, cette mesure équivalant à une grande diminution dans le personnel de l'armée. Toutefois, comme nous ne pouvons apprécier avec justesse la portée de cette réduction dans les dépenses du budget, nous nous bornons à l'indiquer *pour mémoire.*

2° *Droits d'entrée des rails et des machines locomotives.* L'exécution des grandes lignes étudiées par les ponts-et-chaussées exige, au moins, 400 mille tonnes de fer. On ne nous taxera sans doute pas d'exagération, si nous supposons que la moitié de ces fers devrait être tirée de l'étranger, soit 200 mille tonnes. Si, comme nous le proposons dans un chapitre suivant, on réduisait le droit d'entrée à 125 francs par tonne, le Trésor ferait, sur cette introduction de fers étrangers, une recette de............ 25,000,000 »

Joignons-y les droits sur les machines locomotives, qu'on ne peut évaluer à moins de............. 5,000,000 »

Nous aurons, en total, sur cet objet, un bénéfice de........... 30,000,000 »

3° *Augmentation, résultant de l'établissement des chemins de fer, sur le droit du dixième perçu.*

sur les voyageurs. Ce droit sera une source très-importante de revenus. Il est aujourd'hui un fait incontestable, c'est que la rapidité et l'économie de la locomotion par les chemins de fer, ont une influence extraordinaire sur le déplacement des individus; partout où l'on a établi de ces voies nouvelles, le nombre des voyageurs s'est accru d'une manière prodigieuse et dans une proportion hors de toutes les prévisions. Or, si, dans l'état actuel des choses, le Trésor reçoit des messageries pour l'impôt sur les voyageurs une somme de 4 millions 600 mille francs, ce sera, assurément, rester au-dessous des probabilités, que de se borner à évaluer à dix millions, l'augmentation de cette branche de revenus après l'établissement de tous les grands chemins de fer projetés, ci. 10 millions.

4° *Droits d'enregistrement de tous les actes relatifs aux travaux des Compagnies garanties.* Le droit d'enregistrement sur les actes relatifs aux travaux, nous paraissent devoir, incontestablement, entrer comme élément de la formation du fonds de réserve; mais comme il nous est impossible d'évaluer, même approximativement, cette source nouvelle de revenu, nous nous bornerons à l'indiquer *pour mémoire.*

5° *Economies que ferait l'Etat par suite de l'établissement des nouvelles voies de communi-*

cations. On a vu, par les projets de loi présentés
pendant la session dernière, que l'État entendait
se réserver le transport gratuit des lettres par
les chemins de fer. En admettant que cet avantage lui soit acquis sur toutes les grandes lignes,
il est facile de se rendre compte des économies
qu'il y trouverait : la dépense annuelle pour les
malles-postes qui desservent les routes corres-
pondantes, s'élèvent à 2 millions 200 mille fr.;
l'État récupère, il est vrai, 1,100 mille francs
pour le transport des voyageurs; mais, si l'on
considère que les nouvelles voies, en multipliant
les communications de toutes espèces, doivent
considérablement augmenter le nombre des lettres à transporter, on ne contestera pas l'évaluation de cette économie à . . . . 2,000,000 »

Nous ne pouvons pas, non plus,
évaluer à moins de 3 millions, l'é-
conomie bien plus grande que fera
l'État sur l'entretien des anciennes
routes de terre, ci . . . . 3,000,000 »

Nous ne noterons que *pour mé-*
moire, l'économie sur le transport
des militaires et de leurs bagages,
qui se ferait à moitié prix . . . . Mémoire.

Économie annuelle . . . . 5,000,000 »

Si l'on consacrait à la réserve des travaux publics les revenus nouveaux et les économies que nous venons d'indiquer, le fonds dont cette réserve se trouverait dotée, en évaluant ses revenus au minimum, s'élèverait :

1° Sur l'économie de la solde des troupes employées aux travaux à . . . .   Mémoire.

2° Sur les droits d'entrée des rails et machines locomotives, à 30 millions de capital, soit un revenu de. . . . . Fr.   1,200,000 »

3° Sur l'impôt du 10ᵉ perçu sur les voyageurs. . . . .   10,000,000 »

4° Sur les droits d'enregistrement des actes relatifs aux travaux. . . . .   Mémoire.

5° Économies pour l'État, résultant de la création des chemins de fer. . . . .   5,000,000 »

Total. . . . .   16,200,000 »

On voit, d'après cet aperçu, que l'État peut, sans bourse délier, se créer un fonds de réserve plus que suffisant, pour parer à toutes les éventualités des garanties accordées à des entreprises de travaux publics d'une importance de 2 milliards ; et ce fonds de réserve, après l'échéance

des garanties, ferait retour à l'État, aussi bien
que les propriétés elles-mêmes après l'expiration
des concessions.

Il nous eût été facile d'ajouter quelques articles à ceux que nous venons d'indiquer, mais
nous avons préféré nous en tenir aux revenus
qui procèdent immédiatement de la création des
chemins de fer; nous eussions pu, par exemple,
faire entrer en ligne de compte, les subventions
que le Gouvernement ne pourrait se dispenser
d'accorder à une partie des entreprises, s'il n'a-
doptait pas le système de la garantie d'intérêt;
or, sur une masse de travaux évalués deux milliards, la somme de ces subventions eût été
considérable.

Enfin, nous eussions pu ajouter au fonds de
réserve, une portion du bénéfice que fera l'État
par la réduction de l'intérêt de la dette publique;
nous l'avons dit dans notre premier mémoire,
cette mesure financière, quelque juste, quelque
légitime qu'elle soit, rencontrera toujours la plus
vive opposition de la part des rentiers : nous ne
vivons pas dans un temps où les citoyens, avant
de rejeter une mesure d'intérêt public, examinent si elle est équitable, mais bien seulement si elle blesse leurs intérêts privés; or, la
réduction blessera incontestablement les rentiers;

ne serait-ce donc pas un moyen de moraliser cette opération aux yeux de tous, de la rendre plus supportable aux rentiers eux-mêmes, que de consacrer une partie de son produit à la fondation d'une caisse instituée pour donner aux travaux publics, dont tout le monde profite, les plus larges développements; tandis que l'autre partie servirait à dégréver les impôts qui frappent le plus lourdement et le plus inégalement les contribuables? Nous nous bornons, au surplus, à indiquer un emploi utile du bénéfice que procurera cette opération; opération qu'il faudra faire un jour ou l'autre, parce que l'intérêt du pays le veut, et que la justice et le respect de la propriété ne s'y opposent nullement, quoiqu'en disent les rentiers.

En définitive, on a pu se convaincre que, si la garantie d'intérêt peut exiger quelques sacrifices de la part du Trésor, les moyens de les récupérer ne manquent pas, et que ces moyens dépassent même de beaucoup les charges que pourrait, à la rigueur, amener ce système d'encouragement; on peut donc l'adopter sans appréhension; il n'est pas possible que, même avec les suppositions les plus fâcheuses et les moins probables, il charge jamais l'avenir d'une dette qui embarrasserait nos finances.

CHAPITRE V.

DE LA PRISE DE POSSESSION IMMÉDIATE DES PROPRIÉTÉS EXPROPRIÉES.

L'application de la nouvelle loi d'expropriation pour cause d'utilité publique a déjà produit d'heureux résultats; et, il faut le reconnaître, le jury, lorsque l'on a dû recourir à lui, a fait, en général, bonne et prompte justice des prétentions exagérées. Il est aussi à espérer que la grande utilité des nouvelles voies de communications, déterminera les conseils municipaux à s'entremettre entre les Compagnies exécutantes et les propriétaires, pour faciliter l'achat à forfait et à de bonnes conditions, de toutes les propriétés traversés dans leurs communes ou dans leurs arrondissements, et qu'elle les engagera

même à aider les entreprises, soit par des subventions d'argent, soit par des cessions gratuites
de terrains communaux; l'intérêt des localités
est un puissant auxiliaire pour amener la réalisation de ces espérances. Toutefois, ces avantages
acquis ou probables, ne nous paraissent pas suffire encore, et, lorsqu'il s'agit d'un système de travaux aussi gigantesques que ceux dont il est
question, on ne saurait rechercher avec trop de
soins quelles sont les mesures législatives nécessaires pour ne pas rencontrer d'entraves. Une des
plus importantes, sans contredit, serait celle qui
introduirait dans la loi une disposition nouvelle,
dont l'objet serait d'autoriser la prise de possession, dans un bref délai, de toutes les propriétés
frappées d'expropriation pour cause d'utilité publique, et cela, moyennant le versement préalable,
à la caisse des Dépôts et Consignations, d'une
somme égale à 200 fois l'impôt foncier, sauf à
faire régler légalement, plus tard, l'indemnité
définitive. Comme la Compagnie serait responsable de la différence, qui, d'après la large base
d'évaluation que nous venons d'indiquer, ne saurait jamais être considérable, il ne pourrait résulter, pour les propriétaires, aucun préjudice de
ce mode de procéder; seulement, il faciliterait et
accélérerait considérablement les travaux, en

faisant tomber toutes les prétentions exagérées, et
en paralysant toutes les spéculations illicites sur
les propriétés susceptibles d'expropriation.

CHAPITRE VI.

DE LA TRANSACTION A FAIRE RELATIVEMENT AUX DROITS
D'ENTRÉE DES RAILS ET DES MACHINES LOCOMOTIVES.

Si le système protecteur de nos produits a
beaucoup de défenseurs intéressés, il faut recon—
naître que, d'un autre côté, les partisans de la
liberté commerciale font chaque jour de nou—
veaux prosélytes. On conçoit mieux, maintenant,
que le commerce n'est qu'un échange des pro—
ductions de chaque pays, et que sa prospérité
demande le plus de facilités possibles dans les
transactions entre les différents peuples ; on com—
prend qu'il n'y a pas de motifs pour protéger, à
grands frais de douanes et de surveillance, et
au préjudice des consommateurs, des industries
qui, souvent, ne sont pas nées viables, et qui,
conséquemment, ne seront jamais appelées à se

développer sérieusement et utilement ; que la
sagesse conseille de ne rien faire que ce que l'on
peut faire bien et à bon marché ; que chaque
pays, enfin, a une industrie et des produits qui
lui sont propres, et que le véritable commerce
consiste dans l'échange de ces produits, avec ceux
que d'autres contrées possèdent seules, ou créent
plus avantageusement qu'on ne pourrait le faire
soi-même (1). Certes, il ne serait pas plus absurde de la part de l'Angleterre, de vouloir produire des vins aussi bons et à aussi bon marché
que ceux de la France, qu'il ne le serait à celle-ci
de s'obstiner, indéfiniment, à produire des objets
auxquels elle n'est pas propre ; il est évident que
ces deux pays se trouveraient beaucoup mieux
de faire des échanges mutuellement avantageux.

Nous n'entendons point, cependant, nous faire
les apôtres de la liberté absolue du commerce ;
nous n'admettons cette idée, dans son entier, que
comme une belle théorie qui recevra son application dans des temps plus éloignés. Si toutes
les nations en étaient au même point sous le
rapport de l'industrie, personne, assurément, ne
soutiendrait le système protecteur, et la liberté

(1) On admire la division du travail entre individus ; or, la libert
du commerce n'est autre chose que la division du travail entre
nations.

commerciale absolue serait unanimement pro-
clamée; mais il n'en est point et il n'en peut être
ainsi; l'inégalité existe là comme partout.

L'Angleterre, après s'être protégée long-temps
et plus qu'aucune autre nation, prêche aujour-
d'hui la liberté du commerce; mais, c'est uniquement parce que l'état florissant de son industrie
lui permet de dominer sur presque tous les
marchés. La France, entrée long-temps après
dans les voies industrielles, ne peut encore soutenir la concurrence sur une quantité d'articles;
et ce serait, à notre avis, une grande imprudence
que d'abaisser, inopinément et brusquement, les
barrières protectrices de son industrie nationale.

Ainsi donc, à nos yeux, la liberté commerciale absolue n'est point admissible chez nous,
au moins quant à présent; mais ce que nous
voudrions, c'est que l'on eût constamment en vue
les moyens de s'en rapprocher le plus possible,
et en opérant par voie de transaction, selon les
temps, les lieux et les circonstances; c'est le
moyen d'arriver, sans secousses, à un état de
choses qui satisfasse tous les intérêts (1).

---

(1) Nous citerons, à ce sujet, l'association récente d'une grande
partie des États de l'Allemagne qui est, sur une petite échelle, une
application très-heureuse du principe, en ce qu'il y a de réalisable
en ce moment. En effet, cette partie de l'Europe était, par sa division

En attendant que le temps et l'expérience aient mûri cette immense question, il est permis de chercher, en vue d'une émancipation qui aura infailliblement lieu, tôt ou tard, ce qu'il serait possible de faire, aujourd'hui, sans blesser les intérêts nombreux et puissants qui se rattachent à l'ordre de choses actuel. Or, nous dirons, en thèse générale, que, s'il est vrai que beaucoup de personnes aient engagé des capitaux sur la foi du système protecteur, et méritent ainsi des ménagements, il est vrai aussi que l'application de

en une multitude de petits États, hérissée de lignes de douanes qui désespéraient les voyageurs, entravaient les transactions et étouffaient l'industrie ; par cette association, les limites de ces petits États ont été reculées, et c'est ainsi que s'est réalisé, pour vingt-cinq millions d'habitants, le rêve de la liberté du commerce. Les bases fondamentales de l'*union commerciale allemande*, sont :

1° La liberté absolue du commerce, par conséquent abolition de tout droit d'entrée ou de transit, et, à plus forte raison, de toute prohibition, entre les États associés.

2° Établissement de douanes communes à la frontière des territoires réunis, pour la perception des droits sur l'importation et le transit des produits étrangers, ainsi que sur l'exportation de certains produits indigènes.

3° Partage entre les co-associés du revenu de ces douanes.

On voit, en effet, que l'association allemande n'est rien moins, pour ses adhérents, que la réalisation de la liberté commerciale, et que, si cette association était étendue indéfiniment, on arriverait à cette liberté, que l'on regarde encore, généralement, comme une utopie ; mais, cependant, si l'essai qu'en ont fait les États allemands leur réussit, il faudra bien finir par reconnaître que le système protecteur n'est pas le meilleur ; que, peu à peu, on doit l'abandonner et émanciper, enfin, le commerce et l'industrie.

ce système ne peut être réclamée avec autant de raison, lorsqu'il s'agit de satisfaire des besoins qui étaient hors de toute prévision ; que, d'ailleurs, cette protection ne peut pas être plus invariable et perpétuelle que les causes qui l'ont fait accorder. En effet, on conçoit facilement que, pour favoriser une industrie naissante, faible encore, et qui a besoin de protection pour se développer, on interdise en sa faveur, pendant un certain temps, la rivalité des mêmes produits étrangers ; mais il ne s'en suit pas que le consommateur doive, *éternellement*, être condamné à payer chèrement chez lui, une marchandise moins bonne que celle qu'il pourrait se procurer meilleure et à un moindre prix chez ses voisins. Un pareil état de choses doit avoir un terme ; et c'est ce terme qu'il importerait de fixer à l'avance et de régler graduellement et immuablement ; agir autrement, ce serait s'interdire la voie aux plus sages réformes (1).

Nous disons donc, qu'il est bien d'encourager en France toutes les industries qui peuvent y prospérer, ou, au moins, celles qui semblent le

(1) On pourrait d'autant mieux renoncer, dans un certain délai, au système protecteur tel qu'il est établi aujourd'hui, qu'avec le temps les voies de communications s'amélioreront et se complèteront, et que, dès lors, l'industrie jouira des avantages les plus essentiels à son développement.

promettre avec quelqu'apparence de fondement ; protégez ces industries à leur naissance par un droit protecteur, rien de mieux; il ne faut pas condamner l'enfant au berceau à lutter contre un homme dans la force de l'âge ; il faut, auparavant, le laisser croître, grandir et se fortifier, rien de plus naturel, de plus logique, ni de plus juste ; mais, s'il est né dans des conditions défavorables, s'il reste dans un état d'énervation sans espoir pour l'avenir, s'il ne peut vivre que par des moyens factices; si, jamais, en aucun temps, ou dans un temps extrêmement éloigné, il ne lui était possible de lutter avec avantage; alors, il faudrait l'abandonner et reporter, sur des sujets mieux organisés, des soins et une protection dont on serait au moins dédommagé plus tard.

En un mot, nous voudrions que l'on n'accordât de protection qu'aux industries qui ont chance presque certaine de pouvoir se soutenir un jour par leurs propres forces; qu'on limitât, à l'*avance*, l'importance et la durée de cette protection ; qu'on la diminuât, peu à peu, jusqu'à ce qu'enfin ces industries, livrées à elles-mêmes, ou à peu près, vécussent ou mourussent selon qu'elles auraient justifié ou non, les espérances qu'elles avaient fait naître. (1). En procédant ainsi, aucunes réclamations,

(1) Toutes choses égales d'ailleurs, les produits indigènes ont

aucunes récriminations ne seraient possibles; chacun, en se livrant à une industrie, saurait sur quoi compter; personne n'aurait le droit de se plaindre, et le pays n'en serait pas réduit à cette fâcheuse alternative, ou de ruiner beaucoup d'industriels qui se diraient sacrifiés, ou de payer perpétuellement les frais des erreurs de ces mêmes industriels : ceux-ci sachant, d'ailleurs, que les droits qui les protégent ne sont pas immuablement établis, comprendraient mieux que la prospérité d'une entreprise dépend, surtout, de l'intelligence et de l'activité avec lesquelles on la dirige.

Voilà, selon nous, la marche que l'on devrait suivre à l'avenir ; il serait même à désirer qu'on l'adoptât dès à présent ; car, si l'on veut sortir du cercle vicieux dans lequel nous tournons depuis si long-temps ; si l'on veut en sortir sans secousses et sans provoquer de grands malheurs; si l'on veut, au moins, atténuer ceux qu'on ne pourrait éviter, on ne saurait trop se hâter d'établir une échelle décroissante pour les droits protecteurs, échelle graduée selon les besoins, en ayant égard, bien entendu, à l'état de nos diverses industries et à la protection dont il peut

toujours en leur faveur les frais dont sont chargés ceux de l'étranger pour arriver en France.

être juste et utile de les environner encore un
certain temps.

Passons, maintenant, de ces principes généraux,
à leur application en ce qui touche la question
spéciale des fers. Il est incontestable que les rails
et les machines locomotives nécessaires aux chemins, sont des besoins tout-à-fait nouveaux, et,
par conséquent, entièrement en dehors de toutes
les prévisions sur lesquelles les établissements mé-
tallurgiques ont pu baser leur création. Or, en
accordant l'entrée en franchise de droits des rails
et des locomotives, on n'apporterait aucune perturbation dans la somme des consommations in-
térieures ordinaires et prévues; nous croyons donc
que cette franchise de droits devrait être concédée, ainsi que cela s'est pratiqué dans d'autres
pays où, dans le but de favoriser l'industrie
mère, celle des transports, on a levé toutes les
entraves relatives à l'introduction de ces objets
de première nécessité.

Cependant, il peut quelquefois être utile de
transiger, même sur les doctrines les plus pures
en théorie : une masse d'intérêts, dans les Chambres et ailleurs, défend le système protecteur
comme l'arche sainte; et, de plus, l'opinion publique n'est peut-être pas encore disposée à ac-
cueillir une mesure aussi tranchée et aussi con-

traire au système suivi jusqu'ici. Il est juste,
d'ailleurs, de reconnaître que l'industrie du fer
est en progrès en France, et que de nouveaux
et considérables débouchés, en permettant de travailler sur une plus grande échelle, assureraient
des bénéfices aux producteurs, et, par suite, l'a-
mortissement du capital employé à leurs usines ;
qu'il devra donc nécessairement résulter de ceci un
abaissement progressif dans le prix du fer ; et,
considérant, encore, que cette industrie est un
des principaux aliments des voies de transports
qu'il importe de favoriser autant que possible ;
que les maîtres de forges promettent de fournir
tous les fers nécessaires en temps utile ; et qu'enfin, le droit à percevoir pourrait recevoir une
destination spéciale qui aiderait au développement des voies nouvelles. Par toutes ces considérations, et dans l'état actuel des choses, nous
avons pensé qu'il serait sage d'adopter un terme
moyen entre la suppression du droit protecteur
et son maintien en entier ; ce terme moyen nous
paraît propre à concilier tous les intérêts, surtout
si l'on applique aux grandes lignes la garantie
d'un minimum de revenu. Voici quelles seraient,
à ce sujet, nos propositions :

Les maîtres de forges, ayant offert de fournir
tout ce qu'on leur demanderait au prix de 360 fr.

la tonne, nous proposons de prendre ce prix pour base et pour régulateur du droit, pendant un temps_déterminé, dix ans, par exemple : ainsi, dans la supposition où le prix du fer, en Angleterre, soit de l. st. 10 » » environ, ou. F. 250 »
Le droit serait réduit de moitié, soit à.   110 »

Total à l'usine étrangère . . F. 360 »
Prix égal à l'usine française.

Ce prix, de 250 fr. à l'usine étrangère, étant adopté, le droit de 110 fr. serait élevé ou abaissé proportionnellement, chaque mois, selon le prix régulateur transmis aux frontières, d'après les derniers cours connus aux lieux de production (1).

On le voit, si notre proposition était convertie en loi, on ne recourrait, évidemment, à l'étranger, que dans le cas d'insuffisance des produits français, ou celui de renchérissement des prix ; enfin, à 360 fr., la préférence serait assurée aux usines nationales, et leur lutte avec celles des pays voisins ne s'engagerait qu'au-dessus de ce taux ; quant à la concurrence intérieure, elle n'exercerait son action que dans le sens le plus favorable aux intérêts généraux, celui de l'abaissement successif des cours. De cette manière,

(1) Cette idée d'un tarif régulateur nous a été suggérée par le *Moniteur Industriel*, journal rédigé avec talent, impartialité, et un véritable amour du bien public.

l'industrie française serait suffisamment protégée ; et, cependant, les concessionnaires des chemins de fer seraient mis à l'abri des dangers qui les menacent sous la législation actuelle ; ils ne supporteraient, enfin, l'excédant de dépenses que nécessiterait le prix des fers français, fixé à 360 fr., que quand les entreprises réussiraient et produiraient au delà de 4 pour cent ; mais, alors, le sacrifice serait léger ou plutôt atténué par un revenu satisfaisant ; dans l'hypothèse contraire, si les entreprises ne donnaient pas 4 pour cent, ce serait l'État qui, par le fait de sa garantie, viendrait contribuer et prendre sa part des pertes ; et, dans ce cas, il y aurait justice, car il ne ferait que payer l'encouragement qu'il aurait voulu donner à l'industrie nationale. Au surplus, si, comme nous l'avons proposé dans un chapitre précédent, le droit perçu était affecté au fonds de réserve destiné à parer aux éventualités de la garantie, l'État ne ferait que rendre ce qu'il aurait reçu.

Pour nous résumer, nous dirons que, si l'on ne croit pas devoir accorder l'entrée en franchise de droits des rails et des machines locomotives, il peut y avoir convenance à transiger sur ce point ; et que, dans ce cas, la transaction doit s'opérer au moyen d'un prix régulateur qui, tranquillisant les concessionnaires sur leurs approvisionnements et les assurant contre la chance de prix exagérés, permette, néanmoins, à l'industrie française de lutter avec avantage, s'il est vrai, toutefois, qu'elle puisse réellement subvenir aux immenses besoins qui surgiraient; car, nous l'avouons, malgré ce qui a été avancé, il reste encore, dans notre esprit, beaucoup de doutes à ce sujet. En définitive, le mode de transaction que nous proposons d'adopter, rendrait toute discussion inutile à cet égard, et ce ne serait, certes, pas là un de ses moindres avantages.

CHAPITRE VII.

Nous avons constamment soutenu, en principe,
que les Compagnies devaient être libres pour la
fixation des tarifs, et notre opinion, bien arrêtée
à cet égard, découle de la conviction où nous
sommes qu'il existe une corrélation intime, entre
les intérêts qui sont en présence dans cette
grande question d'économie publique : l'intérêt
des propriétaires des voies de communication,
et l'intérêt de ceux qui sont appelés à s'en servir. En effet, d'une part, l'usage de ces voies est
purement facultatif, et, d'autre part, l'avantage
évident des propriétaires des voies de communication, est d'attirer le plus de voyageurs et de
marchandises possibles; or, ceux-ci n'ont d'autre
moyen d'arriver à leur but que de rendre leur
tarifs accessibles à tous. C'est donc une vérité

palpable, que les Compagnies sont les premières intéressées à fixer des tarifs modérés ; cependant, si, malgré son évidence, cette vérité n'en était pas une pour tout le monde, et que l'on craignit encore que des Compagnies n'abusassent de la liberté qu'elles auraient de fixer elles-mêmes les tarifs, on peut trouver un motif de complète sécurité dans le droit de rachat que le Gouvernement peut se conserver, et dans celui qu'il se conserve toujours, d'autoriser l'ouverture d'autres chemins ou d'autres canaux, en concurrence avec ceux que des concessionnaires d'une avidité aveugle, chargeraient de droits trop élevés ; ce droit de rachat et cette concurrence permanente, seraient des garanties suffisantes et tout-à-fait rassurantes. Mais, il est si vrai que le seul intérêt des Compagnies suffit pour les rendre modérées dans la fixation des tarifs, que l'Amérique, où la liberté sur ce point existe dans toute son étendue, est aujourd'hui le pays modèle, en fait de voies de communication ; donc, tout le monde s'y est bien trouvé de cette liberté que l'on paraît tant redouter ici ; cependant, si, dans ce pays, où il y a peu de routes anciennes en concurrence avec les nouvelles, on s'est bien trouvé de laisser aux Compagnies la libre fixation des tarifs, on doit bien moins craindre l'effet d'une mesure semblable en France, où les anciennes voies de communication ne manquent pas.

Néanmoins, nous n'osons pas nous flatter de ramener à notre opinion toutes les personnes qui, par habitude plus que par réflexion, lui sont diamétralement opposées; toujours il se trouvera, nous le craignons, des gens que séduira la pensée de réduire un péage à rien ou presque rien, et cela, sans vouloir se rendre compte des suites de l'application d'un pareil principe (1); aussi, bien que dans un chapitre précédent, nous ayons assez clairement fait ressortir les conséquences de ce principe, nous croyons ne pas devoir laisser passer l'occasion de dire encore quelques mots à ce sujet; car, on ne saurait trop combattre une pensée admise légèrement par tant de monde et qui, par cela même, pourrait produire des résultats déplorables.

L'on porte si loin cette envie de supprimer le droit de parcours sur les voies de communications, qu'il a été sérieusement et qu'il est peut-être encore question, non-seulement de livrer les nouvelles sans péage, ou à peu près, mais encore d'en

(1) Voir aux notes et documents un extrait de l'ouvrage de M. le comte Pillet Will, où cette importante question est traitée avec un esprit et une supériorité de vues incontestables.

affranchir les canaux actuellement existants,
quels que soient, d'ailleurs, les capitaux considérables qu'il faudrait mettre dehors, tant pour
exproprier les usufruitiers de la moitié des produits des canaux de 1821 et 1822, que pour
obtenir l'expropriation de ceux qui appartiennent
entièrement à des particuliers. Or, admettons un instant, qu'entraînées par l'éloquence
des partisans d'une idée aussi bizarre, ou que,
ne sachant que faire des trésors de la France,
les Chambres consentent à donner tout l'argent
nécessaire pour amener cette opération à fin;
alors, l'Administration, maîtresse absolue de
tous les canaux et chemins de fer, sera libre
d'en livrer gratuitement l'usage au public, ainsi
que cela se pratique pour les routes ordinaires;
résultat, qui aura été obtenu moyennant une
somme considérable qu'il aura fallu sortir du
Trésor pour les rachats, et moyennant encore
le sacrifice annuel d'un revenu considérable (1),
revenu le plus légitime qui fût jamais. Cependant, une fois entrés dans cette voie il faudra y
persister; car il eût été absurde d'y entrer pour

(1) En Angleterre, où les voies de communications sont, de l'aveu de tous, une des causes de sa supériorité industrielle, les canaux
donnent un revenu annuel de 120 à 130 millions; leur étendue est
double, à peu près, de ceux qui, chez nous, appartiennent à l'État;
pourquoi, avec le temps, en France, n'obtiendrait-on pas des résultats proportionnels? certes, il ne faudrait que le vouloir.

10

en sortir ensuite; or, dès le moment où vous adoptez comme règle, la suppression du péage, il devient impossible de créer d'autres canaux et d'autres chemins de fer au moyen de l'industie privée; c'est-à-dire qu'il faut renoncer à tous progrès en ce genre, à moins que l'État, seul, n'exécute désormais tous les travaux ; mais comme ce serait les acheter au prix de centaines de millions, pour ne pas dire par des milliards, tirés du Trésor public, sans aucune compensation directe, cela équivaut à dire, qu'en fait d'améliorations matérielles, la France doit s'arrêter au point où elle en est ; ceci est la conséquence rigoureuse de l'opération dont nous venons de parler, et qui semble être encore dans les vues de l'administration.

Ce qui se passe au sujet des tarifs, a vraiment quelque chose d'étrange : on a vu souvent l'impôt attaqué par les oppositions, mais c'est la première fois, à notre connaissance au moins, qu'un ministère aide lui-même, de toutes ses forces, à la suppression ou à la diminution d'un revenu public important; nous disons important, parce que si l'on se rend compte des travaux exécutés et de ceux à exécuter, le déficit annuel résultant de l'abandon des péages, doit être évalué à une somme très-considérable.

On voit que ce n'est pas sans raison que nous nous étonnons de voir des hommes publics être séduits par l'idée de livrer gratuitement les voies de communications.

Certes, si l'on voulait assimiler les nouvelles voies aux anciennes routes de terre, c'est bien plutôt en imposant ces dernières qu'il faudrait procéder. Mais, ceci ne ferait pas le compte de l'administration des ponts-et-chaussées, qui veut, à toute force, tenir dans ses mains tous les chemins et tous les canaux ; et c'est au moyen du système de viabilité gratuite qu'elle atteindra ce but, si les hommes chargés de défendre les intérêts publics ne lui opposent une résistance salutaire. En effet, si le Gouvernement ne voulait l'affranchissement des canaux et des chemins de fer, que dans la vue de soulager le commerce et l'industrie, nous demanderions pourquoi il ne commence pas par abaisser la taxe des lettres? Le produit des postes, qui n'était en 1821 que de Fr. 23,892,698, a été en 1836 de Fr. 37,405,510, et il s'est encore accru en 1837; pourquoi donc l'État ne renoncerait-il pas aussi à cette branche de revenu? Il serait, en cela, tout-à-fait conséquent avec ce qu'il veut pour les voies nouvelles ; car cette taxe des lettres pèse presque uniquement sur l'industrie et le commerce ; la même observation s'applique à l'impôt du dixième sur les voyageurs, auquel le Gouvernement tient tant; mais, il faut le dire, l'abaissement ou la suppression de ces impôts ne conduirait pas, comme pour les péages, au monopole des travaux publics entre les mains du Gouvernement; et, comme là est toute la pensée de l'administration, voilà pourquoi l'on n'y songe pas(1).

(1) Si telle n'était pas la pensée dominante de l'administration des ponts-et-chaussées, comment expliquerait-on son opposition à une mesure utile et sage, dont la proposition avait d'abord été accueillie avec empressement par les ministres compétents ? nous voulons parler de la proposition qui a été faite d'affermer le revenu de six canaux. Les conditions principales de l'affermage consistaient à rembourser à l'État, comme prix du bail, l'annuité que celui-ci paie par suite des emprunts contractés pour l'exécution de ces canaux, et en suite à partager, par égale portion, l'excédant des produits. En adoptant un semblable mode de gestion, on obtenait d'abord de grandes économies dans l'entretien et une prompte application de toutes les améliorations que demandent les voies navigables, choses auxquelles l'administration n'arrivera jamais; car, si l'on juge de l'avenir par le passé, on doit plutôt craindre de voir ces beaux ouvrages, créés à tant de frais, péricliter entre ses mains. Nous pourrions citer, à l'appui de cette opinion, les canaux du Midi, de Saint-Quentin et de l'Ourcq, dont la position a bien changé depuis qu'ils sont sortis des mains de l'administration pour passer sous la gestion de Compagnies particulières. Enfin, en adoptant la proposition qui lui a été faite pour l'affermage de six canaux, l'État tranchait la question des tarifs et se débarrassait d'une gestion compliquée et difficile; il se créait un revenu considérable et assuré; il rendait, enfin, les canaux productifs, et il faisait taire, ainsi, toutes les plaintes bien ou mal fondées dont leur création est l'objet; mais, pour obtenir des résultats aussi avantageux, il faudrait sortir la gestion des canaux des mains de l'administration; or, on préfère tout sacrifier plutôt que d'en venir là.

Cette volonté persistante des ponts-et-chaussées à s'emparer de la gestion de toutes les voies
de communications a puissamment contribué à
fausser l'opinion publique au sujet des tarifs; en
effet, rien ne sert mieux ses vues, par exemple, que
l'opinion généralement répandue, que les tarifs
adoptés pour les canaux de 1821 et 1822 sont trop
élevés; aussi, cette administration a-t-elle appuyé
les plaintes qui se sont produites à ce sujet, quoique
ces plaintes ne soient basées sur aucune donnée;
mais, cette prétendue élévation des tarifs étant,
bien qu'à tort, regardée comme la cause de l'in-
succès des canaux, on en conclut que, pour les
rendre d'un usage plus général, on ne saurait
trop réduire les droits de péage; conclusion qui
conduit naturellement à la gestion par les ponts-
et-chaussées. Or, nous dirons, nous, que l'on se
trompe étrangement sur la cause du mal dont
on se plaint; car, les tarifs français, qui présentent déjà de très-notables économies, sont, *en
moyenne*, établis plus bas que partout ailleurs (1);

(1) Bien que les tarifs de 1821 et 1822 soient les plus modérés de
tous, nous convenons, cependant, qu'ils doivent être revus et modifiés
dans presque toutes leurs parties, notamment en ce qui concerne la
houille et les matières d'une utilité générale ; mais, on a tort de les
confondre avec ceux de certains canaux particuliers ; en effet, la
moyenne de ces tarifs, par distance, est de.............. 24c.1|2.

nous dirons donc que ce n'est point par un abaissement excessif dans les tarifs, mais par une administration sage, active et prévoyante; que c'est, enfin, par des tarifs bien raisonnés que nos

tandis que celle du canal St.-Denis n'est pas moins de.. 48 c.
          du canal St.-Martin   de.. 63 c.
          du canal de la Sensée   de.. 30 c.
          du canal du Midi   de.. 40 c.

Et qu'enfin, celle des canaux de Loing, Orléans et Briare est aussi beaucoup plus élevée. Il y a, d'après cela, lieu à une réforme générale des tarifs.

Pour ce qui est des canaux de 1821 et 1822, le moyen d'en réformer les tarifs est dans leur affermage; par ce mode de gestion on obtiendrait toutes les concessions désirables; et, comme des diminutions de taxes intelligemment faites au fur et à mesure que les circonstances l'exigeraient, amèneraient des augmentations et non des diminutions de produits, ce serait agir dans tous les intérêts que de procéder ainsi.

En ce qui touche les canaux particuliers, ce n'est que par la persuasion, qu'un abaissement sagement coordonné des droits de péage, amène une augmentation de produits, que l'on peut espérer de décider les Compagnies à une réduction de tarifs, car ces tarifs font partie intégrante de leur propriété. Il y aurait donc un moyen de surmonter les difficultés d'une négociation à ce sujet, ce serait, d'abord, de ne pas rendre définitives les réductions à opérer, afin que ces réductions puissent se faire sans danger pour ces Compagnies; il faudrait ensuite que l'État garantît à celles-ci le revenu dont elles jouissent actuellement sous l'empire des tarifs en vigueur, sauf à faire cesser cette garantie après une certaine période, si le revenu du canal s'était maintenu au niveau ou au-dessus de la somme garantie. Si, de l'abaissement des tarifs, il résultait un sacrifice, l'État le supporterait, et cela serait juste, puisqu'il eût été fait dans l'intérêt général; mais, pour notre part, nous ne croyons pas que cette mesure puisse en entraîner aucun, car les transports augmenteront dans une proportion supérieure à la réduction des droits, et les produits s'élèveront en conséquence, lorsque toutes les lignes seront ouvertes et en

voisins sont parvenus à rendre leurs canaux
aussi avantageux à leurs entrepreneurs, qu'utiles
à l'agriculture et au commerce, et, conséquemment, à en généraliser l'usage. Les lenteurs d'exécution, les interruptions fréquentes dans la navigation, les incertitudes sur la possibilité d'achever un voyage en temps utile ; voilà les
plaies des canaux, voilà les véritables entraves à
leurs succès.

La digression dans laquelle nous avons été
entraînés à l'occasion des canaux, bien qu'elle
n'ait pas un rapport direct avec les voies de communications à créer, n'aura cependant pas été
sans utilité ; elle aura achevé de démontrer que
cette idée si répandue de réduire les tarifs outre
mesure est essentiellement fausse, et qu'elle n'a
pris naissance que pour servir les projets de
l'administration des ponts-et-chaussées.

Nous avons dit que, pour les voies de communications, on pouvait, sans danger, laisser aux
Compagnies concessionnaires la fixation des ta-

communication, lorsque les canaux seront tenus en bon état de navigation, et que des tarifs seront convenablement établis et modifiés
selon les circonstances. On conviendra qu'un arrangement tel que
celui-ci serait moins onéreux à l'État et serait préférable, sous tous
les rapports, à une expropriation pour cause d'utilité publique.
(Voir, pour plus de développements, les observations sur les tarifs
et l'administration des canaux, par F. Aulagnier).

rifs à leur usage, parce qu'il n'y a de bénéfices pour celles-ci qu'autant qu'elles ont beaucoup de transports à effectuer ; mais, il y a plus, c'est que nous ne voyons qu'une imprévoyance dangereuse à agir autrement ; en effet, avant que l'on ait pu arrêter les dépenses auxquelles entraîneront les travaux, c'est-à-dire avant qu'ils ne soient achevés, avant, enfin, de connaître le *revenu* et la *dépense*, il est de toute impossibilité de fixer un tarif stable : le problème à résoudre est une règle de trois, dont le péage est l'inconnu ; or, comment trouver ce terme inconnu si les éléments du calcul manquent ? ce serait donc une chose, non-seulement absurde, mais encore extrêmement dangereuse, que de fixer à l'avance, pour les nouvelles voies, un tarif *immuable* ; et il serait *immuable* si, comme on y est trop porté en France, il était fixé à un prix bas ; car, d'un côté, la Compagnie à laquelle il eût été imposé n'aurait pas le droit de l'élever, et, d'un autre côté, sa fixation ne laisserait pas la faculté de le baisser. Il faudrait donc, si l'on tenait à arrêter des tarifs en même temps que l'on accorderait les concessions, les arrêter de manière à laisser aux Compagnies la possibilité de les diminuer, sans que jamais elles puissent désirer les augmenter.

En Angleterre, on a fixé des *maximum* de péage, et ces *maximum* sont assez élevés pour permettre aux Compagnies de les réduire ; quant au droit de transport des voyageurs il est abandonné à la volonté des Compagnies (1); voilà, certes, des bases libérales, et qui mettent les concessionnaires en position de gérer pour le mieux des intérêts de tous ; mais, en Angleterre, on a compris qu'une entreprise qui fait mal ses affaires ne peut pas remplir le but auquel elle est destinée ; on a compris qu'il était juste, qu'il était nécessaire, que les concessionnnaires, aussi bien que le public, trouvassent avantage dans l'exécution des travaux d'intérêt général; aussi voyons-nous, dans ce pays, des entreprises arrivées, à la satisfaction de tous, à un haut degré de prospérité ; et c'est à cette prospérité qu'est dû le développement des voies de communications et par suite celui de l'industrie. Malheureusement, en France, nous n'en sommes point encore arrivés à comprendre cette véritable communauté d'intérêts qui existe entre les concessionnaires d'une voie de communication et ceux qui sont appelés à s'en servir ; lorsqu'il s'agit de concéder une entreprise de ce genre, la seule chose dont on se

(1) Voir aux notes et documents.

préocupe réellement, c'est d'obtenir des concessionnaires des tarifs bien bas, sans s'inquiéter de l'influence que ces tarifs pourront exercer sur l'entreprise; il semble que l'on croie avoir beaucoup gagné lorsqu'on a mis une Compagnie dans l'impossibilité de faire des bénéfices; c'est au moins dans ce sens que l'on a agi jusqu'à présent; on a même été plus loin, car on a été jusqu'à livrer les tarifs aux hasards de la concurrence! mais comment s'est-on trouvé de cette manière de procéder? Le chemin de fer de St.-Étienne languit dans la position la plus fâcheuse, quoiqu'étant placé dans une des situations les plus favorables qui se puisse rencontrer, et la fâcheuse position de cette entreprise est uniquement dûe à un tarif fixé infiniment trop bas; tandis que le chemin de fer de Liverpool à Manchester qui, proportionnellement, a coûté le double et plus, a vu la valeur de ses actions doubler de prix, et cela par la seule raison qu'il a un tarif bien classé. Cet exemple est frappant, et il démontre, jusqu'à l'évidence, que cette question des tarifs, que d'ordinaire l'on traite si légèrement chez nous, est cependant une question vitale, et que de là dépend, souvent, toute l'économie d'un projet (1).

(1) On fait généralement une grave erreur dans l'estimation des frais d'entretien et d'administration des chemins de fer, en les éva-

Ainsi, avec les données les plus positives et les plus complètes sur un projet de chemin de fer ; avec toute l'intelligence, l'activité et l'économie possibles dans l'exécution et la gestion ; avec une localité qui assure beaucoup de transports ; réunissant, enfin, tous les avantages qui promettent le succès, l'entreprise se trouvera, cependant, dans la position la plus déplorable s'il lui a été imposé un mauvais tarif : qu'on abaisse ou qu'on élève ce tarif et tous les résultats changent. Cela est si vrai, que le chemin de fer de St.-Étienne, dont nous parlions tout à l'heure, passerait immédiatement de l'état le plus misérable à l'état le plus prospère si son tarif, fixé évidemment trop bas, était relevé à un taux raisonnable ; car, il faut bien le remarquer, ce chemin, effectuant prodigieusement de transports, ne manque pas d'éléments de succès (1).

luant à tant pour cent des recettes brutes, et en prenant pour base de l'évaluation les résultats des chemins en exercice, *sans tenir compte de la différence des tarifs* ; car il est évident que, toutes choses égales d'ailleurs, un tarif plus élevé donnera une recette brute plus élevée, ce qui exercera nécessairement une influence relative sur le chiffre des frais comparés à cette recette.

(1) Nous ne voyons pas pourquoi le Gouvernement, dans le but de sauver de sa ruine une entreprise qui, en définitive, est utile au pays, et que, d'ailleurs, il importe d'encourager si l'on veut qu'il s'en crée d'autres, nous ne voyons pas pourquoi, disons-nous, le Gouvernement ne prendrait pas sur lui d'augmenter le tarif du

On le voit, c'est une chose fort délicate que la fixation et la classification d'un tarif ; c'est une question qui ne peut être résolue que par l'expérience, et après beaucoup de travail ; un tarif étant une chose essentiellement variable, ce n'est qu'au moyen d'enquêtes continuelles, faites avec suite, avec intelligence, avec l'esprit et la connaissance des affaires, que l'on peut arriver à des fixations qui satisfassent tous les intérêts ; aussi, n'y a-t-il que l'industrie privée, avec l'activité et la surveillance qui lui sont propres, qui puisse apporter dans ses investigations le zèle et la promptitude nécessaires ; nous regardons, en conséquence, la classification des tarifs, comme une chose à laquelle le Gouvernement ne peut pas prétendre dans sa position ;

chemin de fer de St.-Étienne, puisqu'il est bien reconnu que ce tarif est mal fixé ; il suffirait d'obtenir le consentement des Chambres, stipulant au nom des intérêts généraux du pays, et d'obtenir, en outre, celui des Compagnies concurrentes à l'adjudication, lesquelles, seules, auraient droit de se plaindre de cette adjudication, rendue illusoire à leur égard. Si l'État a cru devoir demander des prêts au pouvoir législatif pour venir au secours d'entreprises tombées en déconfiture complète, à plus forte raison pourrait-il porter remède à une erreur payée, déjà, par beaucoup de peines et de sacrifices, erreur que l'inexpérience du temps où elle a été commise rend peut être excusable. Si cette modification, d'un tarif évidemment mauvais, n'était pas praticable, ce serait une nouvelle et sanglante critique du mode d'adjudication publique en fait de chemins de fer.

il a, d'ailleurs, déjà montré son inhabilité à ce sujet, et c'est encore les canaux qui nous en fourniront la preuve. On sait, en effet, que tous les tarifs arrêtés en 1822, pour les canaux, ont été modelés sur un seul, sur celui d'Aire à La Bassée, sans que l'on ait eu aucun égard aux circonstances diverses, aux localités différentes, et à une foule de considérations, qui font de la fixation d'un tarif, une œuvre raisonnée ; et, certes, les changements que l'on voudrait apporter à cet état de choses, seraient aussi mal conçus que la fixation primitive ; car il ne nous paraît pas possible que l'administration fasse mieux aujourd'hui qu'alors ; en lui supposant même tout le zèle désirable, sa position ne lui permet pas d'avoir l'attention constamment portée vers les améliorations de détail que les circonstances peuvent exiger, d'un moment à l'autre, dans la classification des tarifs.

Nous le répétons donc, si le Gouvernement, aussi bien que les Chambres, interviennent dans les tarifs à arrêter pour les nouvelles voies de communications, ils doivent se borner à fixer des *maximum* assez larges, pour laisser aux Compagnies toute facilité de les modifier, selon que l'exigeraient l'intérêt des entreprises, ainsi que les convenances de ceux qui en feront usage. En procédant ainsi que nous le proposons, l'intérêt public serait satisfait, si les *maximum* présentaient une économie notable sur la voie de terre actuelle; il suffirait, d'abord, que cet avantage fût assuré, sauf, ensuite, aux Compagnies à réduire ces *maximum*, selon les lieux , les besoins, et la nature des objets à transporter ; mais, pour les marchandises précieuses qui voyagent actuellement à grands frais par les diligences, pour les voyageurs riches. qui ne craignent pas de payer des places privilégiées , il n'y aurait aucun inconvénient à appliquer même le *maximum* du tarif; ceci serait, d'ailleurs, dans l'intérêt de la chose publique, car cela permettrait aux Compagnies d'abaisser, d'autant plus, le prix du transport pour les dernières classes de voyageurs et pour les marchandises de consommation générale; ce serait, enfin, le moyen de rendre les chemins de fer accessibles à tout le monde.

En définitive, on reconnaîtra que la question des tarifs est beaucoup plus grave qu'on ne paraît le penser généralement; nous appelons donc l'attention du Gouvernement et des Chambres sur cette importante matière. Dans notre conviction, les tarifs devraient être librement débattus entre le public et les Compagnies; nous croyons fermement que c'est la manière la plus rationnelle de résoudre cette question. Cependant, si l'on craignait de laisser un champ sans limites aux Compagnies, il faudrait, au moins, en l'absence de tout régulateur sûr, et pour ne rien laisser au hasard, que le Gouvernement et les Chambres n'intervinssent que pour fixer des *maximum* élevés; ce serait seulement ainsi que l'on éviterait de compromettre des entreprises dont on doit vouloir le succès, parce que, d'abord, étant d'une utilité générale, leur prospérité touche tout le monde; et, en outre, parce que l'État, soit qu'il accorde un minimum de revenu, soit qu'il devienne, par la suite, propriétaire des chemins de fer ou des canaux, ne restera jamais étranger au sort de la plupart de ces entreprises.

CONCLUSION.

L'application de la vapeur à la navigation et
aux chemins de fer ne peut être comparée, par
son importance, qu'à l'invention de l'imprimerie
ou à la découverte de l'Amérique, évènements
qui ont changé la face du monde. L'application
de la vapeur à la locomotion est la découverte
du siècle ; elle a donné une nouvelle puissance
à l'homme, celle de faire disparaître les dis-
tances ; et, au moyen de cette puissance, que
le temps développera encore, un jour viendra où
toutes les parties du continent européen, seront
aussi rapprochées les unes des autres que si elles
ne formaient qu'un seul état. Qui pourrait dire,
en s'arrêtant sur cette pensée, ce que l'avenir
promet de civilisation et de bien-être ! Ce n'est
à rien moins qu'à la paix universelle, dans un
temps plus ou moins éloigné, que conduisent,
irrésistiblement, ces moyens rapides de communication entre les hommes ; en effet, les rapports
multipliés à l'infini entre les nations et les individus, la communication instantannée des idées,
l'association intime des intérêts, le développe-

ment du commerce, tout doit désormais concourir à rendre les guerres de moins en moins
possibles.

Déjà, les bienfaits qu'on doit attendre de l'exécution des chemins de fer, s'ils ne sont pas
entièrement compris, sont au moins pressentis;
car, de tous côtés, nous voyons les Gouvernements
et les peuples, se préoccuper vivement des avantages qu'on doit en retirer; déjà partout, enfin,
on met la main a l'œuvre; et l'on peut dire que
les créations de chemins de fer sont, aujour-
d'hui, devenues la pensée dominante de tous les
pays civilisés. Dans ce mouvement général, la
France restera-t-elle plus long-temps en arrière?
Cela serait déplorable s'il en pouvait être ainsi;
car, il ne faut pas se le dissimuler, s'il y a beaucoup à gagner pour les nations qui seront les
premières en possession des chemins de fer, il
peut y avoir beaucoup à perdre pour celles qui
les posséderont les dernières; en effet, ces chemins devant, surtout et d'abord, créer de nouveaux débouchés et de nouvelles industries partout où ils seront établis, c'est renoncer à prendre
rang parmi les nations les plus avancées, que
de ne point, sinon précéder, au moins entrer en
même temps que les autres dans cette nouvelle
carrière ouverte à toutes les améliorations.

11

Dans l'état actuel des choses, il est donc du plus haut intérêt, de s'occuper, sans retard et par tous les moyens dont on peut disposer, de l'exécution des nouvelles voies de communications ; on le doit sous peine de déchoir ; c'est seulement ainsi que l'on réparera le temps perdu et qu'on placera la France au rang qui lui appartient parmi les États commerçants et industriels ; opérer autrement, ce serait reporter à un terme fort éloigné le moment où elle retirera, de ces modes de transports, tous les avantages qu'elle en doit attendre ; car, les nouvelles voies ne doivent point être considérées uniquement sous le rapport de leur utilité locale ; leur destination réelle est de rapprocher et de mettre en rapport les points les plus éloignés, le midi avec le nord, l'est avec l'ouest ; or, le chemin de fer de Paris à la frontière Belge, par exemple, sera incomplet tant que celui de Paris à Marseille ne sera point exécuté ; jusque là, il n'aura qu'une utilité relative. C'est donc dans son ensemble qu'il faut embrasser la question des nouvelles voies de communications en général et des chemins de fer en particulier ; c'est seulement en l'examinant sous ce point de vue, que l'on comprendra bien les avantages immenses que ces nouvelles voies doivent procurer au pays, et que l'on se convaincra de la nécessité de les exécuter toutes et au plutôt.

Nous avons vu que l'État, seul, ne peut se charger de travaux aussi immenses; outre qu'il n'exécute qu'à très-grands frais, ce serait risquer de se trouver un jour avec une grande quantité d'ouvrages inachevés, ou, au moins, d'en voir l'achèvement indéfiniment ajourné; la part de l'administration dans ces travaux, doit donc se borner à ceux dont les Compagnies refuseraient de se charger. D'un autre côté, nous croyons avoir démontré que l'industrie privée, aidée du crédit de l'État, pouvait prétendre à exécuter, avec économie et promptitude, tous les grands travaux d'utilité publique, sauf, cependant, ceux dont l'entreprise ne promettrait pas de produits, ou ne promettrait que des produits insuffisants; nous avons également démontré que l'appui de l'État devait se borner à la garantie d'un minimum de revenu de 4 pour cent, et que ce mode d'encouragement suffisait pour réunir tous les capitaux nécessaires; nous avons prouvé que cette garantie, dans la plupart des cas, n'exigerait aucun sacrifice de la part du Trésor; ou que, s'il était quelquefois appelé à en faire, ces sacrifices seraient toujours bien inférieurs aux avantages qu'ils lui procureraient; il est même incontesta-

blement ressorti de ce que nous avons dit à ce sujet, que, si l'État devait servir pendant 46 ans la
totalité de l'annuité pour *tous* les travaux garantis, ce qui serait bien assurément le pire des cas
possibles, sa position serait meilleure encore que
s'il les eût exécutés lui-même, puisque, devenant, alors, propriétaire des ouvrages, il se les
fût procurés à meilleur marché que si les ponts-
et-chaussées les eussent faits, et qu'enfin c'eût
été au moyen d'une émission de 3 *pour cent au
pair*, c'est-à-dire avec 20 ou 25 pour cent de bénéfice sur le cours de cette valeur. Nous avons,
enfin, démontré la parfaite moralité de ce mode
d'intervention du Gouvernement dans les grands
travaux d'utilité générale, mode qui consisterait
à n'aider que lorsqu'il s'agirait d'empêcher la
ruine des Compagnies concessionnaires, c'est-à-
dire lorsque l'assistance serait devenue un acte
de nécessité et de justice.

Si nous sommes parvenus à faire passer nos
convictions dans l'esprit des personnes appelées
à prononcer sur l'importante question que nous
avons traitée; si nous avons réussi à faire comprendre tout le bien qui doit résulter de l'application de notre système à toutes les grandes entreprises d'utilité publique, nous ne doutons pas
que l'on ne s'empresse d'accorder la garantie d'un

minimum de revenu à toutes les Compagnies solides et honorables qui la demanderont; nous allons même plus loin, notre opinion serait qu'on l'imposât à celles qui ne la demanderaient pas, pourvu qu'elles réunissent également les conditions financières et autres qui commandent la confiance; enfin, nous entendrions que le Gouvernement fit, de la garantie d'un *minimum* de revenu, une application générale à toutes les grandes entreprises de travaux publics, toutes les fois que leur importance ne permettrait évidemment point d'en calculer les résultats à l'avance et avec quelque certitude. Ceci pourra, au premier abord, paraître assez extraordinaire, parce qu'il n'est pas dans les idées reçues de donner à qui ne demande rien; mais, outre qu'il est souvent nécessaire qu'un Gouvernement impose des mesures conservatrices des intérêts du public, lors même que le public n'y songe pas, ce que nous proposons n'est que la conséquence du système que nous venons de développer; en effet, que voulons-nous? *l'alliance du Gouvernement avec l'industrie privée*; or, quelle alliance y aurait-il entre l'État et les Compagnies abandonnées à elles-mêmes? aucune; il est donc nécessaire que, pour les grands travaux, la garantie soit imposée aux Compagnies; par ce moyen, l'État sera, non-

seulement en position, mais encore dans l'obligation d'être scrupuleux sur le choix qu'il aura
à faire entre celles qui se présenteront; ce qui,
en premier lieu, assurera une prompte et loyale
exécution, et créera à l'État un droit de contrôle
sur toutes les opérations, droit qui ne pourrait
être que très-limité s'il n'avait aucun intérêt dans
les résultats; de plus, ainsi que déjà nous l'avons
dit, la garantie donnera aux actions qui en
jouiront, le caractère de l'effet public, caractère précieux qui les classera dans des mains
sages et prudentes, et qui les rendra propres
à satisfaire un' infinité de besoins, tels que
l'utilisation des fonds des caisses d'épargne, etc.
Enfin, la garantie par l'État d'un minimum de
revenu, conduit tout naturellement à la coopération des membres des ponts-et-chaussées dans
l'exécution des travaux, coopération dont nous
avons donné l'idée dans notre premier mémoire,
et que nous regardons comme le complément de
notre système d'alliance du Gouvernement avec
l'industrie privée.

Nous dirons, pour nous résumer, que l'industrie privée, abandonnée à elle-même, est
impuissante pour exécuter des ouvrages exigeant
de très-grands capitaux, et que, d'ailleurs, vou-
lût-elle le tenter, le Gouvernement et les Cham-

bres, dans une sage prévoyance, devraient l'en
empêcher, car ce serait risquer d'amener des
perturbations dont se ressentirait le pays tout entier ; que, d'un autre côté, l'exécution de tous les
grands travaux par l'État seul, n'offre pas moins
d'inconvénients ni moins de dangers. Pour rendre, en un mot, toute notre pensée, nous dirons
que l'État doit accorder la garantie d'un minimum de revenu aux Compaguies qui se présenteront pour exécuter les grands travaux d'utilité
générale ; mais qu'il doit devenir lui-même exécutant lorsqu'il s'agira d'ouvrages qui, bien qu'é-
galement nécessaires, n'offriront cependant pas
assez de chances de produits pour attirer l'industrie privée; voilà comment nous entendons la
participation de l'État dans l'exécution des travaux; et, certes, sa part est belle; c'est même la
seule qui convienne à la dignité d'un Gouvernement, dont la mission est, avant tout, d'aider,
de protéger et d'encourager les entreprises utiles
au pays, et non de se poser en concurrent de
l'industrie privée.

C'est donc seulement par l'alliance des forces
gouvernementales avec celles de l'industrie, que
l'on arrivera, selon nous, à une prompte et entière exécution de ces travaux que le pays attend
avec une si vive et si juste impatience; or, si

nous ne nous trompons pas, si l'adoption de ce
système produisait ce résultat, la France, dans
un court espace de temps, se trouverait placée
au rang qu'elle ambitionne et auquel elle a droit
de prétendre; en effet, peut-on dire où s'arrête-
rait le développement de son commerce et de son
industrie, avec ces nouvelles voies de communications qui la traverseraient dans tous les sens,
et dont l'exécution, seule, eût procuré existence et
profit à une multitude de personnes de toutes les
classes? Qu'elle plus vaste carrière peut-on ouvrir à l'activité physique et intellectuelle de la
nation! D'un autre côté, quels produits nouveaux
et considérables ne procurerait pas au Trésor la
création de ces immenses travaux! produits qui,
en définitive, permettraient de dégrèver les impôts les plus pesants et d'encourager les entreprises qui influent le plus sur la prospérité
publique!

Si la France, placée au centre de l'Europe et à
la tête de la civilisation; si la France, qui ne
peut rien faire de grand et d'utile qui ne soit
immédiatement offert à l'imitation des peuples
qui l'entourent, donnait l'exemple de l'application du crédit national à l'encouragement des
grands travaux d'utilité générale, elle aurait in-
troduit une innovation dont les résultats sont

incalculables. Peut-être trouvera-t-on que nous nous exagérons le bien que peut produire le système dont nous nous sommes faits les défenseurs; mais, puisque, dans le moment où vont se décider ces grandes questions de travaux publics, nous avons cédé au désir de publier le résultat de nos réflexions, nous devions, pour être consciencieux, donner notre opinion toute entière sur cet important sujet, le plus vaste qui ait encore été soumis aux corps délibérants; nous avons donc cru céder à un devoir en agissant ainsi; cependant, si l'on ne partageait pas notre manière de voir, nous oserons, au moins, nous flatter qu'on rendra justice aux motifs qui nous ont dirigés, et qu'on nous pardonnera une insistance qui n'est dûe qu'à la force de nos convictions.

NOTES

ET DOCUMENTS.

N° 1.

SOUMISSION

DE LA COMPAGNIE DES CHEMINS DE FER DU NORD

EN DATE DU 7 JANVIER 1836,

Modifiée le 17 avril 1837.

Les soussignés :

FRANÇOIS BARTHOLONY, Ancien Banquier, propriétaire, demeurant à Paris, rue du Faubourg-St.-Honoré, N. 29 ;

ADRIEN de la HANTE, Receveur-Général du département du Rhône, domicilié à Paris, rue St.-Dominique-St.-Germain, N. 30 ;

et la COMPAGNIE qu'ils représentent, réunis en une Société qui prendra le titre de COMPAGNIE DES CHEMINS DE FER DU NORD, s'engagent à exécuter, moyennant les conditions suivantes, les Chemins de Fer de *Paris* à *Rouen*, avec embranchements sur *Dieppe* et *Le*

Hâvre, et de *Paris* à *Lille*, avec embranchements sur *Dunkerque*, *Boulogne* et *Calais*, ainsi que tous autres embranchements dont l'utilité serait ultérieurement reconnue.

ARTICLE Ier.

Les travaux seront exécutés conformément aux plans et
tracés de l'administration générale des Ponts-et-Chaussées,
sauf les changements, modifications et améliorations que
la Compagnie ou l'Administration elle-même pourraient
avoir à proposer, soit avant, soit après le commencement
des travaux, et qui seraient arrêtés de concert entre la
Compagnie et ladite Administration.

La Compagnie se réserve particulièrement à cet égard
de rechercher les moyens de concentrer, autant que possible, sur un seul point, la tête des chemins de fer ci-dessus mentionnés, et même de leur donner une ou plusieurs
portions de lignes communes, en se conformant toutefois
aux dispositions particulières que cette mesure pourrait
rendre nécessaires.

ART. 2.

Pour l'exécution des engagements contenus dans la présente soumission, les chemins de fer concédés à la Compagnie, seront divisés en sections ainsi qu'il suit, savoir :

Une section de Paris à Rouen.
Une   »   de Rouen au Hâvre.
Une   »   de Rouen à Dieppe.
Une   »   de Paris à St.-Quentin ou Amiens.
Une   »   de St.-Quentin ou Amiens à Lille.

Les embranchements sur Dunkerque, Boulogne et Calais,
formeront chacun une section.

Il serait procédé de même pour les autres embranchements dont l'utilité serait ultérieurement reconnue.

Art. 3.

La présente concession sera faite pour quatre-vingt-dix-neuf années.

Les travaux commenceront immédiatement après la remise à la Compagnie des plans et tracés relatifs à chaque chemin.

Dans le cas où à partir de ladite époque, les travaux ne seraient pas commencés dans un délai de deux ans, ou ne seraient pas achevés dans un nombre d'années calculé à raison d'un an pour 20,000 mètres au moins, la Compagnie, à moins de circonstances de force majeure, serait déchue de tout droit à la concession des chemins non commmencés ou non achevés. Quant aux portions de chemins non achevées, et que leur défaut d'achèvement rendrait inexploitables, il serait pourvu à la continuation des travaux commencés au moyen d'une adjudication qui s'ouvrirait aux profit, risques et périls de ladite Compagnie, sur la mise à prix des ouvrages déjà construits, et des terrains et matériaux lui appartenant.

L'adjudicataire devrait faire partir ses travaux de l'extrémité du chemin ou de la portion de chemin non achevée par la Compagnie, de manière à leur servir de prolongement.

La Compagnie resterait propriétaire des sections achevées par elle, ainsi que des portions de chemin qu'elle jugerait susceptibles d'être exploitées isolément.

Art. 4.

L'État garantira à la Compagnie pendant l'espace de

quarante-six années, un minimum de revenu net de 4 pour
cent l'an sur le montant des capitaux employés dans l'entreprise.

Pendant la durée des travaux, la Compagnie servira sé-
mestriellement aux actionnaires un intérêt de 4 pour cent
par an, dans la proportion des versements effectués par
eux. Ces intérêts entreront en élément dans les dépenses
générales sur lesquelles portera la garantie du Gouvernement. Les recettes produites par l'exploitation des parties
de lignes qui pourront être livrées successivement au public, seront affectées au service desdits intérêts, et viendront en déduction des sommes à prélever, pour cette destination, sur le capital de la Compagnie.

La garantie mentionnée ci-dessus, commencera à dater
de la déclaration par la Compagnie de l'achèvement de ses
travaux ; ladite garantie sera exécutoire toutes les fois que
les produits de l'ensemble des sections achevées ne se seraient pas élevées, dans le semestre expiré, à 2 pour cent
du capital employé dans l'entreprise ; dans ce cas, le complément serait fourni par l'État.

S'il arrivait que, par suite de la disposition qui précède,
l'État eût été appelé à fournir tout ou partie du minimum
garanti à la Compagnie, et que les bénéfices nets des années
subséquentes, s'élevassent à plus de 6 pour cent, l'excédant de ces 6 pour cent, serait affecté en totalité au remboursement des sommes qui auraient été payées par l'État.

Art. 5.

Les chemins de fer présenteront, au moins, deux voies
dans tout leur développement, sauf pour les embranchements où une seule voie serait reconnue suffisante.

Art. 6.

Le tarif des droits de péage et le prix du transport des

voyageurs et marchandises seront arrêtés ultérieurement par le Gouvernement de concert avec la Compagnie.

ART. 7.

La Compagnie s'engage à laisser embrancher sur ses différentes lignes les chemins de fer qu'on demandera à y faire aboutir, pourvu qu'il n'en résulte aucun obstacle à la circulation, ni aucun frais particuliers pour elle.

Elle permettra également aux voitures et wagons faisant le service desdits chemins, de parcourir tout ou partie de ses propres lignes, moyennant un droit de péage qui sera réglé de gré à gré, mais qui, dans aucun cas, ne pourra excéder les bases du tarif en usage pour son propre service.

Dans le cas ci-dessus prévu, le parcours des lignes de la Compagnie ne pourra être effectué qu'à l'aide de ses propres machines locomotives.

ART. 8.

Les règlements qui pourront intervenir pour la police des chemins de fer seront arrêtés dans la forme des règlements d'administration publique, de concert avec la Compagnie, ou du moins après l'avoir entendue.

La Compagnie aura le droit de faire, sous l'approbation du Gouvernement, les règlements particuliers qu'elle jugera nécessaires pour la sûreté, la conservation et l'exploitation de ses chemins. Ces règlements seront obligatoires pour elle, pour les Compagnies admises à jouir du bénéfice de l'article 7 qui précède, et généralement pour toutes les personnes qui emprunteraient l'usage de tous ses chemins de fer.

Les agents et gardes que la Compagnie établira, soit pour assurer l'exécution desdits règlements, soit pour la perception des droits, pourront être assermentés, et dans ce cas, seront assimilés aux gardes-champêtres.

Art. 9.

A défaut de conventions amiables avec les propriétaires, fermiers, locataires ou usufruitiers des terrains ou bâtiments nécessaires à l'entreprise, la Compagnie sera autorisée par le jugement qui prononcera l'expropriation pour cause d'utilité publique, à se mettre immédiatement en possession desdits terrains et bâtiments, en justifiant de l'accomplissement des formalités prescrites par le titre III de la loi du 7 juillet 1833, et du versement à la caisse des Dépôts et Consignations d'une somme égale à deux-cents fois la contribution foncière des immeubles expropriés, sauf règlement ultérieur de l'indemnité due par la Compagnie.

Art. 10.

La Compagnie aura la faculté d'importer de l'étranger en franchise de droits :

1° Les rails, chaises et autres pièces nécessaires à l'établissement des chemins de fer ;

2° Les machines à vapeur, locomotives et autres, et les voitures et wagons nécessaires au service ;

3° Les houilles nécessaires à la consommation des machines employées sur lesdits chemins.

Art. 11.

La Compagnie sera exempte de la contribution foncière pendant la durée des travaux, et pendant dix ans après leur achèvement (1).

(1) Le décrèt du 11 janvier 1811 a accordé 30 ans aux propriétaires de la rue de Rivoli.

La Compagnie ne sera ensuite soumise qu'au paiement de l'impôt foncier, et au droit fixe de la patente s'il y a lieu, indépendemment du droit du 10ᵉ du prix des places des voyageurs, qui sera réglé au moyen d'un abonnement à consentir avec le Gouvernement.

Art. 12.

La Compagnie sera autorisée à faire exécuter ses travaux par des membres de l'administration des Ponts-et-Chaussées, lesquels seront placés sous la direction supérieure de ladite Compagnie.

Le directeur général des Ponts-et-Chaussées désignera les ingénieurs qui seront chargés de ces travaux, après s'être entendu à cet égard avec la Compagnie, qui se réserve le droit exprès de faire remplacer ceux qui ne la satisferaient pas.

Art. 13.

La Compagnie aura le droit d'établir à tous les points de départ et d'arrivée des diverses parties de ses chemins, des services de voitures dites *Omnibus*, dans les directions qu'elle croira nécessaires à l'exploitation de l'entreprise.

Art. 14.

La Compagnie aura la faculté de se constituer en société anonyme, et pourra faire entrer des actions industrielles dans les combinaisons de ses statuts ; *mais ces actions n'auront droit à aucun bénéfice avant le remboursement intégral en capital et intérêts, des actions financières.*

Paris le 7 janvier 1836.

Signé : **François BARTHOLONY.**
Adrien DE LA HANTE.

Nota. Malgré que le mode d'actions industrielles telles qu'elles résulteraient de l'article 14 soit sans inconvénient, et offre l'avantage de pouvoir

Paris, le 30 avril 1837.

Monsieur le Ministre,

Dans la soumission des chemins de fer du Nord que nous avons déposée le 7 janvier 1836, et que nous avons modifié le 17 avril dernier, le maximum du tarif du prix du transport n'a pas été fixé. Notre opinion est toujours que cet objet exige de mûres réflexions, surtout lorsqu'il s'agit de lignes d'une grande étendue, pour lesquelles nous n'avons rien qui puisse nous servir de règle, ni en France, ni ailleurs.

Néanmoins, comme vous avez paru désirer la fixation d'un maximum, nous vous prions de considérer le tarif qui suit, comme faisant partie intégrante de notre soumission.

MARCHANDISES. — 1re classe, 20 c. par tonneau et par kilomètre. (Cette classe répond aux transports par diligence et roulage accéléré).

2e classe, 15 centimes, répondant aux marchandises transportées par roulage ordinaire.

3e classe, 10 centimes, marchandises de la plus petite valeur relativement au poids et au volume.

Moyenne, 15 c.

VOYAGEURS. — 1re classe, 10 centimes par kilomètre (transports les plus commodes et les plus accélérés, ne faisant point de station en route).

2e classe, 8 centimes par kilomètre.

3e classe, 6 centimes par kilomètre.

Moyenne, 8 centimes

intéresser aux succès de l'entreprise les employés de tout rang qui y concourent, l'abus qu'on a fait de ces actions est un motif déterminant pour y renoncer, et c'est ce que la Compagnie avait l'intention de faire.

Nous vous prions, M. le Ministre, de vouloir bien nous accuser réception de la présente lettre.

Nous avons l'honneur d'être, M. le Ministre, avec la plus parfaite considération,

Vos très-humbles et très-obéissants serviteurs.

Pour la Compagnie des chemins de fer du Nord,

F. BARTHOLONY, A. DE LA HANTE.

Tableau des frais de transports de Paris au Havre, comparés avec ceux du chemin de fer, suivant le tarif annexé à notre Soumission.

	Par diligence.	Par roulage accéléré.	Par roulage ordinaire.	Par eau.	Par le chemin de fer.	
A la remonte...	1 jour et demi. Prix par tonneau... 220 f. ou 1 f. 10 c. par kilomètre.	3 jours. Prix par tonneau 80 f. ou 40 c. par kilomètre.	9 jours. Prix par tonneau 55 f. ou 27 1/2 c. par kilomètre.	17 ou 18 jours, suivant la saison. Prix par tonneau 26 f Asssurance 1/2 Intérêts... 1/2 } 1 %. Calculé sur 1000 f. Valeur présumée du tonneau...... 10 f. Par tonneau... 36. f. ou 18 c. par kilomètre.	3 à 7 heures. 1re classe répondant aux diligences ou roulage accéléré, par tonneau........ 40 f. ou 20 c. par kilomètre. 2e classe, répondant au roulage ordinaire. par tonneau... 30 f. ou 15 c. par kilomètre.	*Nota.* En Angleterre, le parlement a fixé pour les marchandises, sur le chemin de fer de Liverpool à Manchester (30 milles), un maximum de 14 sch. par tonneau, pour toute la distance, ce qui répond à 36 c. par tonneau par kilomètre. Cependant, malgré ce haut prix, comparativement aux nôtres, les comptes ne présentent en résultat que 4 1/2 % de bénéfice par semestre, et il est reconnu que sans les voyageurs l'entreprise donnerait de la perte. Pour le chemin de Leads à Selby (20 milles), le maximum a été fixé à 0 sch. 6 ps. par tonneau, ce qui répond à 33 c. par tonneau par kilomètre. Pour celui de Dublin à Kingstown (5 milles). il est de 6 ps. par tonneau et par mille, ce qui répond à 40 c. par tonneau et par kilomètre.
A la descente,...	1 jour et demi. Même prix que ci-dessus. *Voyageurs.* Coupé.... 37 f. ou 18 1/2 c. par kilomètre. Intérieur. 31 f. ou 15 1/2 c. par kilomètre. Rotonde.. 28 f. ou 14 c. par kilomètre. Banquette. 25 f. ou 12 1/2 c. par kilomètre.	5 jours. Par tonneau... 100 f. ou 50 c. par kilomètre.	8 ou 9 jours. Par tonneau... 60 fr. ou 30 c. par kilomètre.	10 à 15 jours. A peu près les mêmes prix que ci-dessus.	3e classe, répondant au transport par eau par tonneau.... 20 f. ou 10 c. par kilomètre. *Voyageurs.* 1re classe,..... 20 f. ou 10 c. par kilomètre. 2e classe...... 16 f. ou 8 c. par kilomètre. 3e classe...... 12 f. ou 6 c. par kilomètre.	

N° 2.

ÉTAT COMPARATIF

ET TABLEAUX A L'APPUI

DE LA SUBVENTION ACCORDÉE A M. COCKERILL

AVEC LA GARANTIE DEMANDÉE PAR LA

COMPAGNIE DES CHEMINS DE FER DU NORD.

On accorde à M. Cockerill 20 millions payables au fur et à mesure de l'exécution des travaux dont la durée est limitée à 8 ans, ci......................20,000,000

La garantie que nous demandons pour la Compagnie des Chemins de Fer du Nord ne devenant exécutoire qu'après l'achèvement des travaux, c'est-à-dire dans 8 ans, moyenne 4 ans; les intérêts composés de la subvention jusqu'à cette époque, à 4 1r2 pour cent, (1) s'élèvent, à Fr.............................. 3,850,000

    Total de la subvention au moment où, dans notre système, la garantie commencerait à courir pendant 46 ans......23,850,000

(1) Cette note et les tableaux à l'appui avaient été faits pour la Commission de la chambre, en mai 1837. Ceci explique le taux de 4 1/2 pour cent adoptés pour les calculs. Aujourd'hui il devrait être réduit à 4 pour cent, ce qui amène des résultats un peu différents, mais qui n'altèrent en rien nos raisonnements.

Admettons que la Compagnie des Chemins de Fer du Nord, accepte, au lieu de la garantie qu'elle demande, la subvention offerte à M. Cockerill ; mais que, ne renonçant pas à son système financier, elle mette cette subvention en réserve pour y recourir en cas d'insuffisance dans les produits du chemin. La Compagnie se trouverait donc avoir , après l'achèvement des travaux, une somme de 23,850,000 fr. ; or, cette somme placée à l'intérêt composé de 4 1|2 pour cent, aurait produit à l'expiration du terme de la garantie, (46 ans) un capital de 180,650,000fr. qui deviendrait un bénéfice acquis à la Compagnie, si les revenus du chemin s'étaient constamment élevés à 4 pour cent et au dessus, et lui eussent conséquemment permis, sans recourir à la subvention, de faire face à ses engagements de 3 pour cent d'intérêt, et de 1 pour cent d'amortissement.

Ce cas très probable se réalisant, la Compagnie aurait fait un bénéfice énorme, qui viendrait ajouter aux profits que le chemin lui eût déjà procuré par lui même ; comment alors justifier, de la part du Trésor, un sacrifice aussi complètement inutile ?

Voici maintenant le compte de la Compagnie dans le cas où il y aurait insuffisance dans les produits (1).

Coût supposé du chemin 80,000,000 fr.

Si l'insuffisance annuelle est de 1 pour cent, il y aurait à prendre sur la subvention 800,000 fr. par an pendant 46 ans consécutifs ; il resterait alors sur cette subvention au bout des 46 ans, un bénéfice de. .63,771,294 fr. (*Voir* le 1ᵉʳ tableau.)

Si l'insuffisance annuelle est de 1 1|2 pour cent, soit 1,200,000 fr. par an, le bénéfice est de 5,442,134 fr. (*Voir* le 2ᵉ tableau).

(1) Si le Gouvernement accordait sa garantie et mettait lui-même sa subvention en réserve ce compte deviendrait le sien.

Si l'insuffisance annuelle est de 2 pour cent, soit 1,600,000 fr. par an, résultat qui serait la condamnation du système des chemins de fer en France, la Compagnie ferait une perte, au bout de 46 ans, de 53,107,252 fr. (*Voir* le 3ᵉ tableau).

Ainsi, dans la première supposition, celle excessivement vraisemblable, d'un revenu de 4 pour cent et au-dessus (en établissant des tarifs raisonnables, ce résultat est certain), la Compagnie ferait au bout de 46 ans, un bénéfice sur la subvention de 180,000,000 fr.

Et enfin dans la dernière supposition, celle tout-à-fait invraisemblable d'une insuffisance constante de 2 pour cent pendant 46 ans, la Compagnie ferait une perte de 53,107,252 fr.

Les deux termes extrêmes sont donc, toutes les probabilités étant en faveur du premier résultat :

180,000,000 fr. de bénéfice

53,000,000 fr.   de perte.

Que l'on compare, et que l'on prononce entre les deux systèmes.

N. B. Dans ces calculs, nous n'avons pas fait entrer en ligne de compte l'avantage qu'assure au Gouvernement la clause du remboursement de ses avances, si le chemin, après avoir exigé le paiement d'un certain nombre d'annuités, venait à prospérer et donner plus de 6 pour cent de revenu ; nous avons au contraire supposé un déficit constant pendant les 46 années de garantie.

1er TABLEAU.

ANNÉES.	MONTANT de la subvention réservée. Les intérêts des sommes reçues pendant les travaux compris.	INTÉRÊT à 4.	TOTAL de la subvention intérêt compris.	INSUFFISANCE des revenus du chemin à pourvoir 1 1/2 °/o	MONTANT de la subvention restant à la Compagnie.
	23,850,000	»	»	»	»
1re	»	1,073,250	24,923,250	800,000	24,123,250
2	24,123,250	1,085,546	25,208,796	800,000	24,408,796
3	24,408,796	1,098,395	25,507,191	800,000	24,707,191
4	24,707,191	1,111,823	25,819,014	800,000	25,019,014
5	25,019,014	1,125,855	26,144,869	800,000	25,344,869
6	25,344,869	1,140,519	26,485,388	800,000	25,685,388
7	25,685,388	1,155,842	26,841,230	800,000	26,041,230
8	26,041,230	1,171,855	27,213,085	800,000	26,413,085
9	26,413,085	1,188,588	27,601,673	800,000	26,801,673
10	26,801,673	1,206,075	28,007,748	800,000	27,207,748
11	27,207,748	1,224,348	28,432,096	800,000	27,632,096
12	27,632,096	1,243,444	28,875,540	800,000	28,075,540
13	28,075,540	1,263,399	29,338,959	800,000	28,538,959
14	28,538,959	1,284,232	29,823,191	800,000	29,023,191
15	29,023,191	1,306,043	30,329,254	800,000	29,529,254
16	29,529,254	1,328,815	30,858,049	800,000	30,058,049
17	30,058,049	1,352,612	31,410,661	800,000	30,610,661
18	30,610,661	1,377,479	31,988,140	800,000	31,188,140
19	31,188,140	1,403,466	32,591,606	800,000	31,791,606
20	31,791,606	1,430,622	33,222,228	800,000	32,422,228
21	32,422,228	1,459,000	33,881,228	800,000	33,081,228
22	33,081,228	1,488,655	34,569,883	800,000	33,769,883
23	33,769,883	1,519,645	35,289,528	800,000	34,489,528
24	34,489,528	1,552,029	36,041,557	800,000	35,241,557
25	35,241,557	1,585,870	36,827,427	800,000	36,027,427
26	36,027,427	1,621,234	37,648,661	800,000	36,848,661
27	36,048,661	1,658,190	38,506,851	800,000	37,706,851
28	37,706,851	1,696,808	39,403,659	800,000	38,603,659
29	38,603,659	1,737,165	40,340,824	800,000	39,540,824
30	39,540,821	1,779,337	41,320,161	800,000	40,520,161
31	40,520,161	1,823,407	42,343,568	800,000	41,543,568
32	41,543,568	1,869,461	43,413,029	800,000	42,613,029
33	42,613,029	1,917,586	44,530,615	800,000	43,730,615
34	43,730,615	1,967,878	45,698,493	800,000	44,898,493
35	44,898,493	2,020,432	46,918,925	800,000	46,118,925
36	46,118,925	2,075,352	48,194,277	800,000	47,394,277
37	47,394,277	2,132,742	49,527,019	800,000	48,727,019
38	48,727,019	2,192,716	50,919,735	800,000	50,119,735
39	50,119,735	2,255,388	52,375,123	800,000	51,575,123
40	51,575,123	2,320,881	53,896,004	800,000	53,096,004
41	53,096,004	2,389,320	55,485,324	800,000	54,685,324
42	54,685,324	2,460,859	57,146,163	800,000	56,346,163
43	56,346,163	2,535,577	58,881,740	800,000	58,081,740
44	58,081,740	2,613,678	60,695,418	800,000	59,895,418
45	59,895,418	2,695,294	62,590,712	800,000	61,790,712
46	61,790,712	2,780,582	64,571,294	800,000	63,771,294

Bénéfice sur la subvention accordée à M. Cockerill, après les 46 ans de garantie accordée dans l'autre système. F. 63,771,294 en supposant une insuffisance de revenu de 1 pour cent.

2ᵉ TABLEAU.

ANNÉES.	SUBVENTION réservée au moment de l'achèvement des travaux.	INTÉRÊT à 4 1/2.	TOTAL de la subvention intérêt compris.	INSUFFISANCE des revenus du chemin à pourvoir 1 ½ °/₀	MONTANT de la subvention restant à la Compagnie.
	23,850,000	»	»	»	»
1ʳᵉ	»	1,073,250	24,923,250	1,200,000	23,725,250
2	23,725,250	1,067,546	24,790,796	1,200,000	23,590 796
3	25 590,796	1,061,586	24,652,382	1,200,000	23,452,582
4	23,452,382	1,055,357	24 507,739	1,200,000	23,307,739
5	23,307,739	1,048,848	24,356,587	1,200,000	23.156,587
6	23,156 587	1,042,046	24,198,633	1,200,000	22,998,633
7	22 998,633	1,054,938	24,055,571	1,200,000	22,855,571
8	22,855,571	1,027 511	23,861,082	1,200,000	22,661,082
9	22,661,082	1,019,749	23,680,831	1,200,000	22,480,831
10	22 480,831	1,011,637	23,492,468	1,200,000	22,292,468
11	22,292,468	1,003,161	23,295,629	1,200,000	22,095,629
12	22,095,629	994,304	23,089,933	1,200 000	21,889,933
13	21,889,933	985,047	22 874,980	1,200,000	21,674,980
14	21 674,980	975,374	22,650,354	1,200,000	21,450,354
15	21,450,354	965,266	22,415,620	1,200,000	21,215,620
16	21,215,620	954,703	22,170,323	1,200,000	20,970,323
17	20,970,323	943,665	21,913,988	1,200,000	20,713,988
18	20,713,988	932,129	21,646,117	1,200,000	20,446,117
19	20,446,117	920,075	21,366,192	1,200,000	20,166,192
20	20,166,192	907,479	21,073,671	1,200,000	19,873,671
21	19,873,671	894 315	20 767,986	1,200,000	19,567,986
22	19,567,986	880,559	20,448,545	1,200,000	19,248,545
23	19,248,545	866,185	20,114,730	1,200,000	18,954,750
24	18,954,730	852,962	19,807,692	1,200,000	18,607,692
25	18,607,692	837,346	19,445,038	1,200,000	18,245,038
26	18,245,038	821,027	19,066,065	1,200,000	17,866,065
27	17,866,065	803,973	18,670,038	1,200,000	17,470,038
28	17,470,038	786,152	18,256,190	1,200,000	17,056,190
29	17,056,190	767,529	17,823 719	1,200,000	16,623,719
30	16,623,719	748,067	17,371,786	1,200,000	16,171,786
31	16.171,786	727,730	16,899,516	1,200,000	15,699,516
32	15,699,516	706,478	16,405,994	1,200,000	15,205,994
33	15,205,994	684,270	15,890,264	1,200,000	14,690,264
34	14,690,264	661,062	15,351,326	1,200,000	14,151,326
35	14 151,326	636,810	14,788,136	1,200,000	13,588,136
36	13,588,136	611 466	14,199,602	1,200,000	12,999,602
37	12,999 602	584,982	13,584,584	1,200,000	12,384,584
38	12 384 584	557,506	12,941,890	1,200,000	11,741,890
39	11 741,890	528,385	12,270,275	1,200 000	11,070,275
40	11,070,275	498,162	11,568,437	1,200,000	10,368,437
41	10.368,437	466 580	10,835,017	1,200,000	9,635,017
42	9,635,017	433,576	10,068,593	1,200,000	8,868,593
43	8,868,593	399,087	9,267,680	1,200,000	8,067,680
44	8,067,680	363,046	8,430,726	1,200,000	7,230,726
45	7,230,726	325,383	7,557,109	1,200,000	6,356 109
46	6,356,109	286,025	6,642,134	1,200,000	5,442,134

Bénéfice sur la subvention accordée à M. Cockerill, après les 46 ans de garantie accordée dans l'autre système. F. 5,442,134, en supposant une insuffisance de revenu de 1 1/2 °/₀

3ᵉ TABLEAU.

ANNÉES.	SUBVENTION réservée au moment de l'achèvement des travaux.	INTÉRÊT à 4 1/2.	TOTAL de la subvention intérêts compris.	INSUFFISANCE des revenus du chemin à pourvoir 2 %.	MONTANT de la subvention restant à la Compagnie.
	23,850,000	»	»	»	»
	»	1,073,250	24,923,250	1,600,000	23,323,250
1re	23,323,250	1,049,546	24,372,796	1,600,000	22,772,796
2	22,772,796	1,024,775	23,797,571	1,600,000	22,197,571
3	22,197,571	998,891	23,196,462	1,600,000	21,596,462
4	21,596,462	971,841	22,568,303	1,600,000	20,968,303
5	20,968,303	943,574	21,911,877	1,600,000	20,311,877
6	20,311,877	914,034	21,225,911	1,600,000	19,625,911
7	19,625,911	883,166	20,509,077	1,600,000	18,909,077
8	18,909,077	850,908	19,759,985	1,600,000	18,159,985
9	18,159,985	817,199	18,977,184	1,600,000	17,377,184
10	17,377,184	781,973	18,159,157	1,600,000	16,559,157
11	16,559,157	745,162	17,304,319	1,600,000	15,704,319
12	15,704,319	706,694	16,411,013	1,600,000	14,811,013
13	14,811,013	666,495	15,477,508	1,600,000	13,877,508
14	13,877,508	624,488	14,501,996	1,600,000	12,901,996
15	12,901,996	580,590	13,482,586	1,600,000	11,882,586
16	11,882,586	534,716	12,417,302	1,600,000	10,817,302
17	10,817,302	486,779	11,304,081	1,600,000	9,704,081
18	9,704,081	456,683	10,140,764	1,600,000	8,540,764
19	8,540,764	384,334	8,925,098	1,600,000	7,325,098
20	7,325,098	329,629	7,654,727	1,600,000	6,054,727
21	6,054,727	272,463	6,327,190	1,600,000	4,727,190
22	4,727,190	212,724	4,939,914	1,600,000	3,339,914
23	3,339,914	150,296	3,490,210	1,600,000	1,890,210
24	1,890,210	85,059	1,975,269	1,600,000	375,269
25	375,269	16,887	392,156	»	»

La subvention se trouvant éteinte, la vingt-sixième année, et ne laissant qu'un solde de F. 392,156, il faut recourir à l'emprunt pour subvenir au montant de l'annuité à payer pendant vingt années encore.

Suite du 3. Tableau.

	ANNÉES.	CAPITAL emprunté.	INTÉRÊT d'un an.	ANNUITÉ.	TOTAL des emprunts, intérêts compris.
Solde de la sub-vention, intérêts compris selon le tableau d'autre part............	26ᵉ	392,156			
Premier capital emprunté.......	»	1,207,844	....	1,600,000	1,207,844
	27	1,207,844	54,353	1,600,000	2,862,197
	28	2,862,197	128,798	1,600,000	4,590,995
	29	4,590,995	206,595	1,600,000	6,397,590
	30	6,397,590	287,892	1,600,000	8,285,482
	31	8,285,482	372,847	1,600,000	10,258,329
	32	10,258,329	461,625	1,600,000	12,319,954
	33	12,319,954	554,398	1,600,000	14 474,352
	34	14,474,352	651,346	1,600,000	16,725,698
	35	16,725,698	752,656	1,600,000	19,078,354
	36	19,078,354	858,526	1,600,000	21,536,880
	37	21,536,880	969,160	1,600,000	24,106,040
	38	24,106,040	1,084,772	1,600,000	26,790,812
	39	26,790,812	1,205.587	1,600,000	29,596,399
	40	29,596,399	1,331,836	1,600,000	32,528,237
	41	32,528,237	1,463,771	1,600,000	35,592,008
	42	35,592,008	1.601,640	1,600,000	38,793,648
	43	38,793,648	1,745,714	1,600,000	42,139,362
	44	42,139,362	1,896,271	1,600,000	45,635,633
	45	45,635,633	2,055,603	1,600,000	49,289,236
	46	49,289,236	2,218,016	1,600,000	53,107,252

Perte sur la subvention accordée à **M.** Cockerill, après les 46 ans de garantie accordée dans l'autre système F. 53,107,252, en supposant une insuffisance de 2 pour cent dans le produit du chemin.

Nous avons dit que, dans le cas où les revenus du chemin s'éloveraient à 4 pour cent et au-dessus, et qu'on n'aurait pas eu besoin de recourir à la garantie, la réserve s'éleverait au bout des 46 ans à F. 180,650,000.

Tels sont les deux points extrêmes des probabilités, et il n'est pas permis de supposer que les chances ne soient toutes en faveur d'un revenu au minimum de 4 pour cent.

TARIFS DES CHEMINS DE FER

DE LIVERPOOL A MANCHESTER ET DE DUBLIN A KINSGTOWN.

En Angleterre le Parlement fixe pour les chemins de fer un tarif des droits de péage pour les marchandises et pour les voyageurs, et un tarif des prix de transport pour les marchandises seulement ; *la Compagnie fixe librement elle-même son tarif pour les voyageurs.* Le Parlement a compris qu'il suffisait de déterminer un maximum de droit de péage, pour ne pas avoir à craindre, de la part de la Compagnie, un tarif trop exagéré.

CHEMIN DE LIVERPOOL A MANCHESTER. — 50 *kilomètres.*

MARCHANDISES.			VOYAGEURS.
Droit de péage.	*Prix de transport.*		*Droit de péage.*
6 1/4 c. par k. p. tonne.	20 c. par kilom.		F. 1,87 c. par distance n'excédant pas 16 kil.
9 3/8 id.	22 1/2 id.	Suivant l'espèce de marchand.	
12 1/12 id.	27 1/2 id.		
15 5/8 id.	35 id.		3,12 id. id.
18 3/4 id.	15 1/2 id. p. charbon.		5 excédant 32 id.

Le prix adopté par la Compagnie est de $12\frac{1}{2}$ cent. par kilomètre pour les voyageurs et de 25 cent. pour les marchandises par tonne, et $3\frac{1}{2}$ cent, pour les charbons.

CHEMIN DE DUBLIN A KINGSTOWN. — *8 kilomètres.*

MARCHANDISES.		VOYAGEURS.
Droit de péage.	*Prix de transport.*	*Droit de péage.*
6 1/4 c. p. k. par tonne.	15 1/2 c. par kilom.	F.1,25 c. pour les distances
9 1/2 id.	22 id.	n'excèdant p. 8 k.
12 1/2 id.	22 id.	
	37 1/2 id.	1.87 id. id 16 id.
	19 id. p. charb.	

(Suivant l'espèce de marchand.)

Le prix moyen adopté par la Compagnie est de 12 cent. par kilomètre pour les voyageurs

N° 4.

ANALYSE

DES TRAITS CARACTÉRISTIQUES

DE LA LÉGISLATION AMÉRICAINE EN MATIÈRE DE TRAVAUX PUBLICS.

———•———

Le principe d'adjudication pour l'exploitation d'une entreprise de chemins de fer n'est point admis ; lorsqu'une compagnie demande à être autorisée à exécuter tel ou tel chemin de fer, le pouvoir législatif de l'État, à travers lequel doit passer ce chemin, en concède l'autorisation par une loi qui renferme toutes les clauses imposées à la Compagnie. Voici en général les différents objets que ces sortes de lois comprennent, et définissent dans leur dispositions.

1° Organisation de la Compagnie sous un nom légal ; ses droits comme association incorporée ; son mode d'élections annuelles ; la nomination de son comité-directeur, de son président, de ses ingénieurs, de ses agents en général, de son trésorier ; ce dernier est tenu de déposer un cautionnement entre les mains des directeurs, etc.

2° Fixation du capital de la Compagnie soumissionnaire ; pouvoir de le doubler au besoin ; les signatures des actionnaires sont les seules garanties requises (1).

3° Délai accordé pour le commencement des travaux ; obligation imposée à la Compagnie de dépenser au moins une somme fixée dans la première année de ses opérations sur le terrain ; d'avoir complété une distance déterminée dans un temps donné, et ainsi successivement jusqu'à l'entier achèvement de la route projetée. Faute par la Compagnie d'avoir rempli les obligations imposées par cet article, elle encourt la déchéance de ses droits, mais non de son travail, qui reste toujours sa propriété ; elle doit alors avoir recours à un nouvel appel à la législature pour obtenir d'être relevée de la déchéance encourue, et de nouveaux termes de délais.

4° La Compagnie est dans l'obligation de terminer d'abord une voie avant de commencer la seconde.

5° On laisse la Compagnie entièrement libre de déterminer le tracé de son chemin, et, à cet effet, pouvoir lui est donné de faire toutes les études nécessaires avant d'arrêter son trait final, qui doit être, en dernier ressort, revêtu de la signature des Directeurs, comme plan officiellement reconnu ; on oblige la Compagnie à en déposer une copie au greffe des différents chefs-lieux des comtés que le chemin doit traverser.

6° Le mode de souscription est] généralement prévu, ainsi que le contingent des versements à faire à chaque appel de fonds.

(1) Modèle des engagements préfixés au registre des souscriptions d'une entreprise de chemin de fer.

Nous dont les noms sont ci-dessous souscrits, promettons pour chacun de nous séparement de payer au Président et aux Directeurs de la compagnie du chemin de fer ci-dessus dénommé, ou à l'agent ou autre officier autorisé à cet effet, le montant des actions souscrites respectivement par chacun de nous, à telle époque et de telle manière qui sera désigné par la suite par ledit Président et Directeurs de la dite compagnie.

13

7° Le mode de déposséder les propriétaires est donné dans de grands détails, et toutes les garanties prévues pour que, dans aucun cas, le propriétaire ne puisse être dépossédé sans recevoir une indemnité préalable pour les dommages soufferts, et à l'égard duquel un jury composé de propriétaires du comté, mais non intéressés, tous hommes connus par leur probité et leur intégrité, décide en dernier appel.

8° La Compagnie est autorisée à construire une voie, deux voies ou trois voies, sur une largeur fixée par le projet final, et à établir tels ou tels embranchement., etc.

9° La Compagnie a le droit de fixer elle-même les prix de transport, et de les modifier de temps à autre ; seulement elle est tenue de publier ses tarifs dans un certain délai à l'avance. Rarement prescrit-on des limites à ces prix, cependant cela arrive quelquefois ; mais, dans ce cas, ils sont proportionnés au prix des transports par route ordinaire, avec faculté de les lever, s'ils n'atteignent pas le maximum de 15 pour cent du capital, ces prix ne sont jamais mis au rabais, ils sont toujours facultatifs pour la Compagnie, et non avec cause de déchéance, pour ses droits qui sont assurés par la loi de concession.

10° Une clause essentielle est généralement comprise dans cette loi, c'est celle qui protège l'agriculture du pays traversé ; il est généralement prévu dans le cahier des charges que la voiture ou wagon de tout agriculteur, chargé des produits de son industrie agricole, aura droit d'être transporté sur le chemin de la Compagnie, aux prix fixés pour le transport des voitures vides.

11° La Compagnie a le droit d'établir des règlements d'administration intérieure, de police et de sûreté.

12° Il est pourvu à l'usage et à la conservation des chemins de fer et des ouvrages qui en dépendent, et pour cet effet, au recouvrement d'une indemnité égale à trois fois la valeur des dommages causés sur ces chemins avec préméditation, directement ou indirectement.

13° La Compagnie est tenue de clore sa propriété, afin de prévenir tout accident et tout empiétement.

14° La Compagnie est autorisée à élever et à baisser le niveau des routes publiques que son tracé rencontre, de manière à établir une circulation libre et sûre sur ces routes ; elle est, en conséquence, tenue de payer des indemnités pour les dommages occasionnés sur des propriétés publiques comme sur des propriétés particulières ; et cela aux mêmes conditions.

15° La Compagnie est également autorisée à construire des ponts viaducs pour le passage de son chemin à travers des rivières navigables, sous l'expresse condition de n'altérer en rien, la libre navigation de cette rivière, ou ses moyens de halage.

16° La durée de la concession est quelquefois à perpétuité, mais elle est généralement limitée à 100 ans, quelquefois à moins ; dans ce dernier cas, l'acte législatif a concédé le monopole entier de l'exploitation sur une zone déterminée.

17° L'État se réserve toujours le droit de devenir propriétaire du chemin de fer, moyennant le remboursement à la Compagnie du coût, et d'un intérêt très-libéral fixé par cette clause.

NOTE *A*.

Acte du congrès national, affranchissant des droits d'entrée les fers importés, fabriqués pour l'usage des chemins de fer.

Il est décrété, par le Sénat et la Chambre des représentants des États-Unis d'Amérique, assemblés en congrès, que lorsqu'il sera prouvé, d'une manière satisfaisante, au

secrétaire d'État pour le département des finances, que tous
les fers importés pour l'usage spécial des chemins de fer ou
de leurs plans inclinés, par un État ou une Compagnie incorporée, ont été véritablement employés sur ledit chemin
ou sur ses plans inclinés; qu'alors, et dans ce cas seulement, il peut permettre le retrait des droits imposés sur
ces fers; ou si les droits ont été payés, il pourra les rembourser; toutes dispositions contraires à cedit acte étant
de fait annullées, pourvu toutefois qu'aucun fer ne soit
considéré comme destiné à l'usage des chemins, que celui
spécialement fabriqué pour cet objet, et qui n'exigera pas
d'autres remaniements.

EXTRAIT DU CHAPITRE II

DU LIVRE INTITULÉ :

DU PRODUIT ET DES DÉPENSES DES CANAUX,

PAR M. LE COMTE PILLET-WILL (*pag.* 303).

DES DROITS DE PÉAGE.

Parmi les questions qui intéressent la navigation, celle des droits de péage est assurément l'une des plus importantes, mais elle est aussi l'une des plus difficiles, parce qu'elle se complique d'une infinité de circonstances qui demandent à être examinées et appréciées avec le plus grand soin.

Dans certains cas, l'abaissement des tarifs peut diminuer les produits de la navigation sans qu'il en résulte pour l'industrie des avantages bien désirables ; dans d'autres cas, au contraire, les produits peuvent être sensiblement

augmentés par une diminution des droits de péage. Cette
diminution devient, par exemple, indispensable à la circulation des matières qui n'ont qu'une faible valeur comparativement à leur volume ou à leur poids, et qui exigent
par conséquent la plus rigoureuse économie ; c'est donc à
l'expérience qu'il appartient , surtout, de bien déterminer
les modifications que le temps et les moyens de transports
peuvent rendre nécessaires.. ....
....

Cependant, depuis quelque temps, et contrairement à ces
stipulations, l'on a remarqué une tendance à diminuer brusquement les tarifs sans proposition, sans mesure et presque
sans examen. Quelques personnes ont été jusqu'à prétendre
que les canaux devaient être assimilés aux grandes routes,
et par conséquent, immédiatement affranchis de tout péage
perçu au profit de l'État. Leur désir, à cet égard, est
même si vif, si absolu, qu'il faut, à leur avis, se hâter
d'exproprier, pour cause d'utilité publique. toutes les Compagnies concessionnaires, et se débarrasser des redevances
auxquelles elles ont droit, afin que sur-le-champ la gestion
des lignes navigables appartienne exclusivement à l'administration des Ponts-et-Chaussées qui les livrera au commerce sans rétribution aucune. Ainsi, d'après cette opinion,
le Gouvernement doit renoncer de suite au revenu, quel
qu'il puisse être, de près de 400 millions qui ont été dépensés pour la construction des canaux : que ce revenu
soit de 10, 20, 30 millions, n'importe, il n'y faut pas penser. Mais ce n'est pas tout encore, il faut trouver un moyen
pour apprécier le plus exactement possible à combien
pourra s'élever le produit des canaux de 1850, 1860, 1880,
etc., afin que la moitié des produits qui est accordée aux
Compagnies, par la loi, pour quarante ans, à partir de
l'extinction de l'amortissement, puisse être exprimée en
valeur de ce jour et remboursée aux Compagnies qui, dès

lors, n'auront plus rien à démêler avec le Gouvernement pour cet objet. Si ce rachat doit coûter 100 millions à l'État, c'est égal ; l'État paiera 100 millions, et les bateaux pourront voguer en liberté sur les lignes navigables de 1821 et 1822 sans avoir rien à payer ; ce système est, à coup sûr, d'une merveilleuse simplicité, si on le considère théoriquement ; mais voyons s'il n'offre pas dans la pratique quelque inconvénient qui doive le classer parmi ces utopies sociales, dont la réalisation doit s'ajourner d'un siècle à l'autre. Nous n'examinerons pas jusqu'à quel point une expropriation de cette nature se trouverait conforme à notre législation actuelle ; mais nous ferons remarquer que ceux qui la mettent en avant supposent sans doute qu'il faudrait l'étendre à tous les canaux de France. Pourquoi, en effet, paierait-on sur le canal du Midi ou sur le canal de Briare lorsqu'on passerait en franchise sur le canal de Bourgogne ou sur le canal latéral à la Loire ? Ainsi, l'acquisition des canaux serait une immense opération financière et il faudrait compter par centaines de millions de dépense à faire pour atteindre ce but. Supposons que le Trésor ait, en effet, cette somme à sa disposition, personne, à coup sûr, ne contestera qu'il y eût infiniment plus d'avantage à l'employer en complétant notre système de navigation, qui reste si imparfait, qu'en acquérant des canaux pour supprimer des tarifs ; mais si cette somme n'est pas en réserve dans le Trésor, s'il faut la demander au crédit, ou, ce qui est la même chose, s'il faut la demander aux impôts, non-seulement comme un capital une fois payé, mais aussi comme un capital annuel destiné à combler un vide de 20 ou 25 millions que les canaux peuvent rapporter à l'État, il est naturel de se demander à quelle espèce d'impôt il faudra s'adresser ; admettons, pour un instant, qu'en renonçant au péage des canaux on renonce à un revenu annuel de 20 millions, et qu'il ne s'agisse que de cette somme, c'est évidemment 20 millions de moins dans le budget des recettes, et par conséquent 20 millions de plus à tirer de l'impôt. Or, un impôt, quel qu'il soit, n'est jamais payé que par une certaine classe de contribuables plus ou moins nombreuse, suivant la nature de l'impôt : on ne fera donc en dernier résultat que déplacer les 20 millions, et au lieu de les faire payer par ceux qui se servent des canaux, comme on le fait au moyen des droits de péage, on les fera payer aux propriétaires fonciers ou aux consommateurs de sucre, de sel, de tabac, etc. Ne serait-ce pas substituer, sans raison et sans motif, une répartition injuste à une répartition juste, et fondée sur la nature des choses? Peut-être les partisans de l'expropriation diront-ils qu'il est convenable, ou même nécessaire, de faire produire 20 millions de plus au sucre, au sel, au tabac ou aux boissons. Nous ne partageons nullement cette opinion; mais admettons encore qu'il en soit ainsi, admettons qu'il soit très-utile, et même si l'on veut très-populaire, d'augmenter, par exemple, de 20 millions l'impôt du sel, nous leur demanderons s'il n'y a pas d'autres impôts qui attendent un dégrèvement égal, et s'il ne vaudrait pas mieux accorder ce dégrèvement que de supprimer les droits de péage sur les canaux, qui sont, en définitive, une matière imposable comme une autre, avec cette différence que cette sorte d'impôt procure un avantage incontestable à celui qui le paie. Nous leur demanderons aussi dans quel pays ils vont choisir leurs exemples pour proposer de tels plans; à coup sûr ce n'est pas en Angleterre, où la plupart des tarifs sont sensiblement plus élevés que les nôtres, et où l'on paie des péages mêmes sur les grandes routes; ce n'est pas aux États-Unis d'Amérique, où depuis 20 ans plus de neuf cents lieues de canaux ont été ouvertes à la navigation, et où l'État de New-York retire une somme considérable du Canal

Érié dont les produits progressifs ont permis d'amortir dix ans plutôt qu'on ne l'avait supposé les emprunts faits pour sa construction; enfin, ce n'est pas en Hollande, pays qui a été, pour ainsi dire, sillonné de canaux malgré la facilité du cabotage entre les ports auxquels ils correspondent, et qui a pu, avec une partie de leurs produits, construire le beau canal qui va du Helder à Amsterdam et qui peut recevoir les vaisseaux de ligne.

Sans aucun doute, l'agriculture et les arts industriels sont fortement intéressés dans la question des transports; c'est aussi pour cela que l'on désire le perfectionnement de la navigation fluviale, le prompt achèvement des canaux, l'ouverture et l'entretien des routes; en un mot, c'est pour cela que l'on désire tout ce qui abrège, facilite, ou rend les communications moins coûteuses et plus sûres.

N° 6.

EXTRAITS DE DUTENS.

NAVIGATION INTÉRIEURE (pag. 395, vol. II).

* * *

L'argument qu'on ne manque jamais de reproduire contre l'établissement du droit de passe sur les routes est le renchérissement qu'il occasionnait dans le prix du transport des marchandises, sans qu'on se soit jamais donné la peine d'approfondir cette question avant qu'elle ait été examinée par l'auteur des considérations sur l'ouvrage d'Edgeworth, sur les routes. Cet écrivain qui a fait preuve d'une rare sagacité, et que nous avons déjà cité, adoptant le rapport moyen établi par M. Cordier, entre l'effort du tirage sur une route en bon état, et sur une route dans l'état où sont à peu près nos routes royales et départementales, et qui est de 17 à 7, conclut (pag. 453) que, dans l'hypothèse de la restauration de ces routes, si l'on emploie aujourd'hui cent-vingt mille chevaux, on transporterait le même poids avec cinquante mille chevaux, ce qui procurerait, sur les frais de roulage, une économie de 80,000,000 par an, c'est-à-dire, cinq fois le produit présumé de la taxe.

SUR L'ESPRIT D'ASSOCIATION.

Chez les peuples anciens, et sous le régime de l'esclavage, les Gouvernements pouvaient exécuter en peu de temps ces grands ouvrages qui nous étonnent aujourd'hui, mais qui, cimentés par les sueurs et le sang d'une classe proscrite, attestent moins leur grandeur que leur état de barbarie.

Chez les nations modernes, sous l'empire des lois constitutionnelles, et sous le régime des systèmes financiers qui en fondent et en règlent la puissance, les Gouvernements, ne retirant des impôts que les produits toujours restreints dans de justes limites par la consommation volontaire qui en est la source principale, ne peuvent pourvoir aux dépenses de ces grandes créations, qu'*à l'aide des moyens que l'esprit d'association peut seul rendre utiles, en les réunissant et en les dirigeant vers un but déterminé.*

Cet esprit d'association, résultat naturel et des lois politiques, et du système financier qui régissent aujourd'hui la France, ne peut qu'y prendre de jour en jour de plus profondes racines et devenir ainsi le plus puissant auxiliaire du Gouvernement.

EXTRAIT

DE LA DERNIÈRE PUBLICATION

SUR LE RÉGIME DES CANAUX,

PAR M. F. AULAGNIER.

Le seul moyen efficace, le seul équitable qui puisse déterminer les Compagnies à adopter les réductions dont l'expérience démontrera l'utilité, *c'est l'achèvement complet et la bonne et économique administration des canaux.*

Voyez le canal du Midi depuis qu'il ne chôme plus que 45 jours tous les 3 ans, les frais d'entretien sont moindres, les produits plus considérables et l'intérêt public beaucoup mieux servi. Que gagneraient le Trésor, les Compagnies qui lui sont associées pour certains canaux, et enfin le navigateur lui-même, lorsque de $24\frac{1}{2}$ cent. on aurait abaissé le terme moyen des tarifs à $17\frac{1}{2}$ cent.

Et que les frais de traction qui devraient être à peine de 8 cent. seraient portés pour cause d'imperfection à 15 c.

Le fret serait dans les deux cas à $32\frac{1}{2}$, le Trésor serait lésé, les Compagnies sacrifiées, le public trompé et mal servi...

Ce n'est donc pas tant l'abaissement de tarifs que l'amélioration de la navigation qu'il faut avoir en vue pour atteindre le but désirable, c'est-à-dire la satisfaction de tous les intérêts.

N° 8.

QUELQUES MOTS SUR LES CANAUX

DE 1821 ET 1822.

Cette entreprise, qui en définitive, est un bienfait pour la France et l'un des actes les plus honorables de l'Administration sous la restauration, a soulevé néanmoins pendant plusieurs années de nombreuses et de vives critiques, dont la plupart étaient mal fondées.

A l'exception de la lenteur apportée dans les travaux, ce qui est, il est vrai, une faute capitale, dont les conséquences sont très-onéreuses au public et au Trésor, il a été reconnu par des juges compétents que les ouvrages sont aussi bien faits qu'ils pouvaient l'être, et que leur coût malgré les écarts immenses des premières prévisions n'est pas *sensiblement* plus élevé que d'autres travaux analogues exécutés par des Compagnies en France et ailleurs.

L'important à coup sûr était que les canaux se fissent, et ils sont achevés, ou sont sur le point de l'être. Cette heureuse circonstance a cependant dépendu de la combinaison financière adoptée, qui était la meilleure qu'on put choisir : *l'État devant exécuter lui-même*. Cette opinion n'es: celle que d'un petit nombre de personnes, mais nous la croyons tout-à-fait fondée.

En effet, si l'Administration des Ponts-et-Chaussées n'avait pas été excitée par les réclamations incessantes de ses co-associés, si elle n'avait pas été poussée par les engagements souscrits et les instances en indemnité, pour dommages et intérêts résultant des retards, il est vraisemblable, il est certain même, que les travaux n'en seraient pas à beaucoup près au point où ils en sont.

C'est donc à l'intervention de l'intérêt privé que l'on doit l'état avancé des travaux, et c'est à son concours, dans les modifications des tarifs, qu'on devra la conservation d'un revenu public important. Au reste, *c'est dans ce but seul* qu'on adopta le concours d'intéressés à cette entreprise, le *Moniteur* en fait foi : mais, dira-t-on, si cette intervention a été utile, à quel prix l'a-t-on achetée? Les conditions financières ont été excessivement onéreuses.

C'est encore une erreur. L'Administration des quatre canaux a fait publier un mémoire qui prouve que l'État a bénéficié d'une somme considérable, (22 millions répartis sur le temps nécessaire à l'amortissement), en empruntant aux conditions obtenues en 1822, plutôt qu'en rentes au cours d'alors.

Il est vrai que l'Etat a concédé aux prêteurs un droit de co-propriété des canaux pendant quarante années, et que c'est ce qui lui a fait obtenir des conditions d'emprunt plus avantageuses. Mais, comme nous l'avons déjà dit, nous pensons que cette combinaison était essentiellement utile, et que c'est par ce motif que les canaux, d'improductifs qu'ils seraient, rendront de beaux produits, libèreront plus rapidement l'État des emprunts contractés, et lui assureront plus tard d'importants revenus.

Nous le répétons, l'exécution des canaux par l'État, une fois admise (aucune compagnies exécutantes ne se présentèrent à cette époque), le mode adopté était le plus convenable.

Sans la co-propriété des prêteurs, les canaux seraient encore à faire, car en l'absence de ces conditions tant critiquées, l'on n'aurait pas voté les fonds nécessaires, et les travaux auraient langui de longues années, si tant est qu'on les eût seulement commencés.

Tandis qu'aujourd'hui les canaux sont achevés, ou sur le point de l'être, et qu'il ne dépend plus que de les administrer convenablement, pour que, même sous le point de vue financier, leur création soit une bonne opération, ce qui, sous d'autres rapports, ne saurait être mis en doute par personne.

N° 9.

MOTIFS

EN FAVEUR DE LA MISE EN RÉGIE INTÉRESSÉE

DES CANAUX APPARTENANT A L'ÉTAT.

On lit dans l'ouvrage de Dutens sur la navigation intérieure du royaume, qu'en l'année 1784 les états de Bourgogne consentirent à cautionner MM. de Brancion pour la confection du canal du centre dont ils demandaient la concession, le Gouvernement ayant cru devoir empêcher que ces États cautionnassent des particuliers, M. le prince de Condé, alors gouverneur de la province, et les Élus insistèrent *inutilement*, pour qu'on laissât la régie du canal à une Compagnie, sous la surveillance de l'administration de Bourgogne « ils se fondaient sur l'exemple « du canal de Languedoc et pensaient comme M. de La « Lande, qu'un canal ne pouvait être mieux administré « que par des propriétaires intéressés à ne jamais laisser « interrompre la navigation, toujours prêts à subvenir par « leur fortune ou par leur crédit, à des accidents inopinés « et à les réparer sur-le-champ, sans toutes les formalités

14

« qu'entraîne une administration publique, qui est va-
« riable et qui n'est pas toujours composée de personnes
« instruites ; que les moindres négligences dans les répa-
« rations peuvent occasionner souvent une longue cessa-
« tion dans l'usage du canal ; que d'ailleurs, on avait
« remédié à l'excès du bénéfice que les propriétaires pou-
« vaient retirer et qu'on pouvait encore le diminuer si on
« le jugeait à propos eu égard au peu de risques qu'ils
« avaient à courir. »

Ces principes qui seraient sans doute appréciés aujour-
d'hui, ajoute Dutens, ne purent point prévaloir alors.

CANAL ST.-QUENTIN,

QUI COMPREND AUSSI LE CANAL CROZAT.

Il est ouvert à la navigation depuis 1810, et n'avait
offert jusqu'en 1827 qu'une navigation lente, pénible,
coûteuse et chanceuse à cause des infiltrations graves qui
s'y produisaient et de la mauvaise direction donnée aux
travaux d'améliorations; sans doute par le défaut des
allocations de fonds nécessaires pour de bonnes et solides
réparations. Son revenu brut constaté en 1825, sur un
développement de 97,122 m. n'était que de 448,000 fr.
Concédé par la loi du 20 mai 1827 au sieur Houvrez
pour un terme de 22 ans de jouissance, à la charge par
lui d'y exécuter et terminer pour le 1er janvier 1831 tous
les travaux nécessaires au perfectionnement et à l'amélioration de la navigation. Ces travaux ont été exécutés
en deux années seulement et ont obtenu un succès complet, non-seulement sous le rapport de l'art, mais encore
sous le rapport industriel. On a obtenu une diminution de

deux tiers dans le temps que les bateaux mettaient ordi-
nairement à le parcourir et vu doubler son revenu après
deux années de navigation. Ce revenu dépasse maintenant
un million de francs.

CANAL DE LA SANSÉE.

Ce canal offre un exemple encore plus remarquable
des effets que l'on peut attendre de l'émulation privée,
sa confection fut concédée le 21 avril 1818 à M. Houvrez
pour une jouissance de 99 ans qui daterait de sa mise en
navigation. Ces travaux que l'on présumait devoir durer
quatre ans, commencèrent en juin 1819 et le canal fut
livré à la circulation le 15 novembre 1820!.. Son étendue
est de 26,700 m., son coût 1,520,000 et son produit
brut 130,563 fr.

Nº 10.

INCIDENT BELGE

RELATIF A L'ABAISSEMENT FORCÉ DES TARIFS.

Nous avions dit qu'un gouvernement devait éviter l'occasion de se trouver en conflit avec les citoyens, et qu'exécutant lui-même les ouvrages il serait moins bien placé qu'une Compagnie pour maintenir le droit de perception des péages.

La Belgique, qui était le point d'appui des partisans du système de l'exécution par l'État, n'a pas tardé à nous offrir elle-même la preuve de cette assertion. Voici la copie des documents officiels publiés à Bruxelles à ce sujet qui révèlent un fait d'une grande importance dans la question en discussion.

Sur les chemins de fer belges, les prix des places sont très modiques. Entre Bruxelles et Anvers, le tarif est comme il suit pour les quatre sortes de voitures établies par l'administration belge :

Berlines....... 3 fr. 50 c.	ou 32 c. par lieue.	
Diligences..... 3 »	ou 27	,
Chars-à-bancs.. 2 »	ou 18	,
Wagons....... 1 20	ou 11	»

Les wagons sont des voitures découvertes avec des siéges non rembourrés.

Ces prix sont extrêmement bas. On sait que dans les diligences ordinaires, les places sont fixées à 50 centimes au moins par lieue, ce qui est à peu près quintuple du tarif des wagons des chemins de fer belges, et que l'indemnité de route accordée par la charité publique aux indigents est de 15 cent. par lieue, c'est-à-dire de moitié en sus de ce même tarif. Le tarif des diligences des chemins de fer est lui-même fort modéré; celui des chars-à-bancs, qui sont couverts et garnis de siéges rembourrés, dépasse toutes les espérances qu'on eût pu raisonnablement former avant l'établissement des chemins de fer belges. Ainsi ces chemins accroissaient déjà la célérité dans le rapport d'un à trois ou à quatre ; ils diminuaient les frais dans le rapport d'un à deux ou à trois pour les voyageurs qui tenaient à rester couverts, dans celui d'un à cinq pour ceux qui consentaient à voyager en plein vent. Il semble que le public tout entier, sans la moindre exception, eût dû être satisfait, enchanté même de la bonne fortune qui lui était échue à l'improviste, par la grâce des chemins de fer. Il n'en a pas été ainsi.

Pendant les froids rigoureux, d'où il paraît que nous sommes enfin sortis, les places des wagons se sont trouvées peu tenables. Les voyageurs les moins aisés auraient pu provisoirement se résigner à subir le faible surcroît de dépense qu'imposent les chars-à-bancs. Après quelques jours chacun serait revenu à ses habitudes. Mais quelques personnes ont commencé à réclamer que les wagons fussent couverts. Le ministère a été pressé d'y consentir; plusieurs journaux l'ont gourmandé de ce qu'il hésitait à modifier ainsi, à raison d'un fait accidentel et passager, le régime des chemins de fer. Le ministère refusa cependant et motiva son refus par jles observations suivantes insérées au *Moniteur Belge*.

« *Il faut que le chemin de fer se paie par lui-même* : tel est l'engagement que le Gouvernement a pris envers les Chambres, c'est-à-dire envers le pays. Il est *difficile* qu'il remplisse cet engagement au moyen du tarif actuel. Il est *impossible* qu'il le remplisse en réduisant ce tarif.

» Couvrir les wagons serait supprimer la différence essentielle qui existe entre cette espèce de voitures et les chars-à-bancs; cette assimilation équivaudrait à la réduction du tarif, c'est-à-dire à un changement de système; les chars-à-bancs seraient immédiatement abandonnés. Les frais d'entretien et d'exploitation sont en ce moment énormes; ils sont tels, qu'une compagnie suspendrait probablement le service, en replaçant Bruxelles, Anvers, Gand et les autres villes en rapport avec le chemin de fer dans l'isolement où ces villes se trouvaient autrefois pendant l'hiver. La nécessité où sont les voyageurs de prendre les chars-à-bancs couverts maintient seule les recettes à un certain taux, insuffisant encore pour couvrir les dépenses actuelles ; les chars-à-bancs constituent en ce moment la partie productive du chemin de fer. Les prix des chars-à-bancs ne sont pas tels que ces places puissent être considérés comme inaccessibles aux classes inférieures de la société. Telles sont les observations que nous soumettons aux hommes impartiaux, véritablement partisans du chemin de fer. Si M. le ministre des travaux publics ne consultait que son intérêt personnel, il serait empressé de se populariser en rendant les wagons aussi agréables que les autres voitures; mais en se popularisant de la sorte, il aurait dépopularisé le chemin de fer qui deviendrait une charge pour le Trésor public. »

Cependant, presque aussitôt, les attaques ayant redoublé contre lui, le ministère belge a accordé ce qu'on exigeait de lui. Mais il n'a point dissimulé que s'il cédait, c'était à contre-cœur, parce que le tarif actuel, qui désormais va être moins productif encore que par le passé, puisque le prix des chars-à-bancs se trouve réduit de fait à celui des wagons, était déjà insuffisant; il a expliqué comment, si l'on acceptait ainsi la dictature de l'opinion publique ou de la minorité, qui prétend représenter le public plus réellement que les pouvoirs établis et que les Chambres, la position de l'Administration devenait celle d'un esclave, mais qu'on ne devait pas oublier qu'il n'y avait de responsabilité que là où il y avait liberté.

Voici un extrait de l'article du *Moniteur Belge* du 21 janvier :

« En signalant, il y a deux jours, les conséquences financières qu'entraînent les réclamations de la presse contre le tarif du chemin de fer, nous avons montré l'Administration en face d'une diminution certaine des recettes déjà insuffisantes aux dépenses.

« Ces conséquences n'étaient point connues ; aujourd'hui qu'elles le sont, et que personne ne les conteste, on n'en insiste pas moins sur les dangers auxquels s'exposent bien des voyageurs, souvent par un esprit exagéré d'économie.

» La position de l'Administration étant maintenant constatée, des considérations étrangères aux intérêts de l'exploitation du chemin de fer peuvent l'emporter ; les wagons couverts seront mis à la disposition du public, au prix actuel des wagons non couverts. La différence entre les chars-à-bancs et les wagons ne sera plus pour le moment, et ne peut être que celle-ci : les wagons ont des bancs non bourrés, les chars-à-bancs des bancs bourrés ; nous verrons si cette différence suffira pour conserver quelques pratiques au chars-à-bancs. Nous souhaitons que ces mesures puissent n'être que temporaires, et qu'elles n'entraînent pas plus loin ; on sait maintenant comment il faut s'y prendre pour obtenir les deuxièmes places au prix des troisièmes.

« Depuis long-temps on demande que les wagons puissent être couverts quand il pleut : couverts et découverts à volonté, couverts quand il pleut ou quand il gèle, découverts quand il fait beau et que le plein air est une jouissance, les wagons offriraient les places les moins coûteuses et les plus agréables. Le public pourra connaître prochainement le bilan du chemin de fer pour l'année 1837 : si des réformes administratives projetées, si des combinaisons de matériel qui restent à tenter sont impossibles ou ne réussissent point, l'on sera bientôt peut-être amené à se demander s'il faut augmenter le tarif actuel, ou se résigner en le conservant, à rejeter une partie des dépenses sur les revenus généraux de l'État. Un fait est désormais acquis aux adversaires peut-être exagérés de toute exploitation par le Gouvernement : un ministre n'est pas, en face du public, libre comme le serait une Compagnie ; cessant d'être libre, reste-t-il au même point responsable ? »

Cet incident est, comme le dit le *Moniteur Belge*, peu favorable à l'opinion qui recommande l'intervention du Gouvernement dans l'exécution et surtout dans l'exploitation des chemins de fer. Il est démontré, ce qu'il était facile de prévoir, que d'aussi vastes entreprises peuvent donner lieu à de graves abus quand c'est le Gouvernement qui en est chargé.

DU RAPPORT DU MINISTRE DES TRAVAUX PUBLICS BELGE,

SUR L'INCIDENT DE L'ABAISSEMENT FORCÉ DES TARIFS

MENTIONNÉS PLUS HAUT.

———

« Messieurs, l'incident auquel le chemin de fer a récemment donné lieu n'a prouvé qu'une chose : c'est que la condition du Gouvernement dans l'exploitation n'est pas la même que pour une Compagnie. Le Gouvernement n'est pas libre comme le serait une Compagnie particulière ; Une Compagnie particulière jouit de la plus complète indépendance, elle fixe ses prix, les modifie à sa guise, prend, renvoie, destitue ou avance ses employés ; personne ne se croit le droit de critiquer ses actes, tandis que le Gouvernement doit compte de chacun des siens.

N° 11.

TABLEAU

DE LA VALEUR DE QUELQUES ENTREPRISES INDUSTRIELLES

EN ANGLETERRE.

En 1827. — Actions de 100 livres.	Cours.	REVENU de l'action au pair.	REVENU de l'action au cours.
Canal de grande jonction	292.l.st.	44 °/₀	4,46 °/₀
d'Oxford	700	32	4,57
de Coventry	1250	44	3,57
de Birmingham	1730	71,40	4,42
de Trent et Mersey	1700	65	3,80
de Mersey et Ewell	850	35	4,12

EN MOYENNE DANS L'ESPACE DE DIX ANNÉES

de 1827 à 1836.

	Cours.	REVENU de l'action au pair.	REVENU de l'action au cours.
Canal de grande jonction	261,16 l.s.	12,14 °/₀	4,85 °/₀
d'Oxford	618,15	32	5,17
de Coventry	916,10	44,18	4,90
de Birmingham	1516,05	71.40	4,70
de Trent et Mersey	1416,12	70	4,94
de Mersey et Ewell	676,10	34	5,03

Enfin, à ces taux divers, donnant une moyenne de 90 l.st. pour le prix des actions originairement de 100 l.st., l'intérêt moyen est de 4,93 c., ou pour les actions calculées au pair 30 pour cent environ du capital dépensé.

Certes, voila de beaux résultats d'entreprises qui, d'ailleurs, ont été si utiles au pays.

En ce qui concerne les chemins de fer, la plupart sont encore en cours d'exécution; cependant quelques-uns donnent des résultats : celui de Liverpool à Manchester depuis sa création procure aux actionnaires un revenu d'environ 9 pour cent, et les actions ont plus que doublé de valeur : elles sont actuellement à 200 l. st. environ.

Le chemin de Londres à Birmingham, le plus important de ceux exécutés, ne fait que commencer son service. Les aperçus de ses produits futurs sont sans doute bien satisfaisants, puisque, malgré l'excédant considérable des dépenses qui élévera son coût en moyenne à plus de 3 millions par lieue, les actions sont recherchées à une prime de 80 pour cent et plus.

Ce sont ces résultats avantageux qui, nonobstant des échecs assez nombreux, ont stimulé les capitaux, et produit le grand développement industriel qui fait de l'Angleterre le pays modèle en fait d'améliorations matérielles.

N° 12.

CITATION DE QUELQUES AUTEURS

SUR LES AVANTAGES QUE RECUEILLE LE PAYS

DE L'OUVERTURE DE NOUVELLES VOIES DE COMMUNICATION.

« Le canal du Languedoc, dit Dupont de Némours, trans-
« porte pour 50 millions de marchandises par année : il
« en est résulté par année 5 millions de bénéfice pour les
« marchands. Les propriétaires de terre, qui sans lui n'au-
« raient pas de débouchés, ou n'en auraient que de mau-
« vais, reçoivent par le service du canal, une augmenta-
« tion de 20 millions de revenu, toute dépense de culture
« payée.

« L'État a touché de ces 20 millions, par l'impôt, tailles
« et vingtièmes, au moins 5 millions tous les ans.

« On voit par cet exposé, dit Huerne de Pommeuse (1),
« que le canal du Languedoc donne au commerce en six

(1) Voir à l'appui du volume quelques citations extraites de leurs ouvrages.

« années, une économie égale à ses frais de construction,
« qu'il a donné à l'Etat, dans le même espace de temps, un
« bénéfice égal sur les impôts en ayant donné aux produits
« agricoles et autres, un accroissement annuel d'environ
« les deux tiers de son prix originaire.... »

Le canal du Centre a 115 mille mètres de développement; il a coûté à peu près 16 millions valeur d'aujourd'hui. Il produit en moyenne, depuis un certain nombre d'années, environ 400 mille fr.. soit moins de 3 pour cent. Comme spéculation, son exécution eût été une mauvaise affaire pour les entrepreneurs; mais voici ses résultats généraux que nous extrayons d'un rapport de M. Favier, ingénieur en chef aux Ponts-et-Chaussés, en date du mois d'août 1822.

Il y a plusieurs avantages produits par l'ouverture d'un canal :

1° L'économie sur le transport ;

2° L'augmentation de valeur, de productions spontanées, agricoles et industrielles.

Des recherches faites avec soin pour déterminer le revenu annuel de ces divers avantages, relativement au canal du centre et aux localités qu'il traverse, ont fourni les résultats suivants :

Économie sur le transport...............Fr.	3,000,000
Augmentation de valeur des bois...........	470,000
Exportation de moins de houille...........	630,000
Id. des carrières de plâtre...........	105,000
Id. de pierre...........	55,000

Les présents résultats sont tirés de documents certains, et loin d'être exagérés, ils sont plutôt au-dessous qu'au-dessus de la réalité.

On pourrait ajouter à cette somme l'économie qui aurait lieu sur la dépense de l'entretien des routes, on peut assurer qu'elle s'élèverait à plus de 100,000 fr.

A reporter. . . 4,260,000

Report. . . 4,260,000

On n'a pas encore réuni tous les renseigne-
ments nécessaires pour évaluer l'augmentation
des produits agricoles et industriels ; mais il est
évident qu'elle a eu lieu car elle est une conséquence nécessaire de celles qu'on vient d'indiquer, et certes, il n'y a pas d'exagération à les
porter au tiers du montant de ces dernières. . 1,420,000

Total des produits annuels... 5,680,000
A déduire pour le service du capital à 5 pour
cent et les frais d'entretien................. 739,000

Par conséquent, l'utilité absolue du canal du
Centre, peut être représentée par un revenu
annuel de 4,941,000

Si l'on divise cette somme par la longueur du canal, on
aura une quantité qui servira à comparer l'utilité de cette
communication à d'autres.

Ainsi l'utilité relative du canal du Centre est égale à
$$\frac{4,941,000 \text{ fr.}}{\text{kil.}} = 42,965 \text{ par chaque kilo.}$$

« Les résultats ci-dessus prouvent combien on se trompe
en jugeant de l'utilité d'un canal par le produit des droits
de navigation, ils servent ainsi à faire voir dans quelles
proportions l'Etat et les diverses espèces d'industrie devraient contribuer à la dépense d'un canal. »

Enfin, M. Ch. Dupin, cherchant à évaluer (1) l'augmentation de valeur que produirait un canal du Havre à Strasbourg, ayant 860 kilomètres de long et coûtant 210 millions
(il y comprenait le canal maritime du Havre à Paris) établit le calcul suivant (2).

(1) Des forces productives et commerciales de la France, tom. II, p. 528.

(2) Nous avons extrait ces citations d'un ouvrage très-remarquable,
intitulé : *Vues politiques et pratiques sur les travaux publics de France,*
par MM. Lamé, Clapeyron, Eugène et Stéphane Flachet. Septembre 1832.

« Le revenu moyen de l'arpent, dans les départements traversés par cette ligne, est de 51 fr. 02 c., ce qui porte la valeur moyenne de l'hectare à 1,530 fr.; mais, comme le canal traverse les vallées et s'approche des villes, on peut calculer que sur la ligne qu'il parcourt, et sur une lieue de chaque côté, le terrain vaut 3,060 fr. l'hectare. Or une zone de 860 kilom. sur 8 kilom. a 688,000 hectares de superficie, qui, à 3,060 fr., valent 2,105,280,000 fr. Si l'on suppose que le canal augmenterait la valeur de ces propriétés *seulement d'un dixiéme*, soit 210,528,000 fr. : on voit qu'en une année il aurait payé le prix de sa construction. »

On ne peut que regretter qu'une publication qui renferme autant de vues élevées, saines et patriotiques n'ait pas eu la suite qu'elle semblait promettre.

N° 15.

EXTRAIT DE NOTRE PREMIER MÉMOIRE

SUR LES ÉVENTUALITÉS

AUXQUELLES LE TRÉSOR SERAIT EXPOSÉ PAR LE SYSTÈME DE GARANTIE.

............Ainsi, admettons que les capitalistes français, encouragés par l'appui du Gouvernement, exécutent, dans l'espace de vingt ans, des travaux d'utilité publique de tout genre pour la somme énorme de 1 milliard.

D'abord, il est bien entendu que le Gouvernement n'accorderait son appui à une entreprise qu'après l'avoir examinée, en avoir jugé le mérite et apprécié les résultats ; dès lors, il est peu probable que, dans notre système de garantie, le Trésor ait à venir en aide aux Compagnies. Néanmoins, supposons, contre toute prévision raisonnable, que sur 1 milliard de travaux exécutés : 100 millions ont été totalement compromis et ne produisent rien ;

```
l'État aurait à payer.............................  4millions.
100 millions ne rapportent que 1 %, l'État aurait à payer....  3   »
100    »              »    »  1 1/2 %     »       »      2 1/2
100    »              »    »  2 %        »       »      2   »
100    »              »    »  3 %        »       »      1   »
500    »      rapportent 4 % et au delà, l'État est affranchi de
       tout paiement..................... .........  »   »
                                                    ─────────
                                                    12 1/2 mil.
```

Dans cette hypothèse, l'État aurait à payer 25 annuités
de 12 millions cinq cent mille fr. pour un capital de 1
milliard qu'il aurait garanti. Voyons à quoi se réduit en
définitive le chiffre de ce sacrifice.

25 annuités de 12 millions et demi donnent 312 millions
et demi en totalité ; cette somme, payable en 25 ans, ramenée à l'époque moyenne des paiements, au taux de
4 pour cent, se réduit à environ 194 millions. Enfin, ces
paiements ne devant commencer qu'après l'achèvement
des travaux, et tout étant encore à créer aujourd'hui, on
peut supposer l'époque moyenne éloignée de douze ans ; il
faut donc faire éprouver à la somme ci-dessus une réduction nouvelle, qui ne porte plus le sacrifice réel et immé-
diat qu'à 122 millions. Or, pour emprunter cette somme
en 3 pour cent à 80, il faudrait constituer une rente
de. . , ... 4,575,000
A quoi ajoutant 1 pour cent d'amortissement
sur le capital nominal. 1,525,000
                                        ─────────
l'État se trouverait grèvé d'une annuité de. . 6,100,000
à servir pendant une quarantaine d'années, selon le taux
des rachats.

Voilà donc, dans la supposition de résultats fâcheux et
réellement invraisemblables, à quoi se réduirait le sacrifice
de l'État, en appliquant notre système à 1 milliard de
travaux !

15

N° 14.

QUELQUES NOTES

SUR L'EXÉCUTION PAR L'ÉTAT

DES GRANDES LIGNES DE CHEMINS DE FER.

(PAR UN INGÉNIEUR DE L'ADMINISTRATION).

Nous ne voulons traiter ici ni des questions politiques qui peuvent se rattacher à l'exécution du réseau de chemins de fer projeté par l'Administration des Ponts-et-Chaussées, ni des grandes questions d'économie politique qui ressortiront naturellement de la perception ou de l'emprunt de 1,500 millions nécessaires pour l'exécution de ses immenses travaux, ni enfin des garanties qu'il faudra exiger des Compagnies le cas échéant, nous ne dirons rien non plus de l'influence ou de l'importance que pourrait avoir telle ou telle ligne préférablement à tout autre, notre seul but est de prouver que la construction des grandes lignes partant de Paris pour aller à Lille, Strasbourg, Marseille, Bayonne, Nantes, Le Hàvre, etc., etc.; que cette construction, disons-nous, étant décidée, il est convenable de ne pas confier cet immense travail à l'Administration des Ponts-et-Chaussées, et que l'exécution par des Compagnies est infiniment préférable.

La question ainsi réduite, nous écarterons encore les considérations d'économie et de bonne exécution des travaux, convaincus que nous sommes que l'administration des Ponts-et-Chaussées peut exécuter, au moins, aussi bien et aussi économiquement que les Compagnies; nous nous attacherons seulement à prouver que dans l'état actuel des formes administratives, il est impossible que les ingénieurs des Ponts-et-Chaussées, en tant qu'ils resteront attachés à l'Administration, puissent exécuter *à beaucoup près*, aussi vite, aussi promptement que les Compagnies. Pour arriver clairement et logiquement à la démonstration de ce fait, il nous suffira de suivre dans leur ordre naturel les diverses opérations nécessaires pour l'exécution d'une voie de communication quelconque.

Supposons, par exemple, qu'il s'agisse de construire le chemin de fer de Paris à Lille; quand la création de cette ligne aura été décidée en principe, et les points principaux du tracé bien déterminés, si l'exécution est confiée à l'Administration, on attachera, nous supposons, à ce chemin de fer qui doit coûter 80 millions, dix ingénieurs ordinaires, non compris deux ou trois ingénieurs en chef; chaque ingénieur ordinaire s'occupera de la rédaction des projets pour la partie dont il sera chargé et comme il serait impossible de trouver à la fois dix entrepreneurs susceptibles de se charger d'entreprises montant à 8 millions, on sera forcé dans chaque division de faire des projets partiels, ou de diviser le projet général en plusieurs parties pour en faire l'objet d'adjudications séparées et successives; les projets faits seront adressés à l'ingénieur en chef, puis au Préfet du département dans lequel on se trouvera, puis au Directeur général, et soumis par ce dernier au Conseil général des Ponts-et-Chaussées, qui y fera les modifications qu'elle jugera convenables; les projets modifiés ou non seront renvoyés au Préfet, puis à l'ingénieur en chef, puis à l'ingénieur ordinaire pour opérer s'il y lieu. Les modifications demandées dans le tracé ou dans les dimensions des ouvrages, c'est-à-dire, refaire les devis, les mètres, les dessins et les évaluations de dépenses : les pièces de chaque projet ainsi rectifiées s'il y a eu lieu, feront l'objet d'une adjudication pour laquelle les ordonnances exigent préalablement un mois d'affiches; l'adjudication passée devra être approuvée par le directeur général, puis l'entreprise pourra commencer aussitôt que les expropriations de terrain seront faites amiablement ou par la voie du jury. Toutes ces formes exigent nécessairement plusieurs mois, tandis que le tracé principal, une fois déterminé et arrêté , une Compagnie en passerait sur-le-champ des marchés avec des entrepreneurs, peut commencer immédiatement les travaux aussitôt ses projets faits, sauf, comme dans le premier cas, les formalités de l'expropriation.

Pour l'expropriation, les formes administatives sont encore d'une lenteur désespérante ; ainsi généralement, les 9ı10 au moins des terrains à acquérir sont achetés amiablement, et ces transactions volontaires, qui sembleraient devoir être si simples, sont d'une complication inconcevable. Quand l'ingénieur ordinaire a fait son projet définitif, suivant les modifications exigées par le Conseil-général, il s'occupe de l'estimation des terrains dont l'Etat doit s'emparer, il détermine les contenances de chaque parcelle, il s'informe dans les localités des noms des propriétaires (le cadastre étant presque toujours inexact), il envoie chez chacun d'eux pour tâcher d'obtenir une adhésion aux évaluations qu'il a faites, et, moyennant quelques légères concessions, il obtient généralement, comme nous l'avons déjà dit, au moins les 9ı10 des signatures des propriétaires. Ceci fait, il dresse en double expédition avec un plan à l'appui, un état parcellaire de toutes les parties acquises à l'amiable, et l'envoie à l'ingénieur en chef, celui-ci l'adresse au Préfet qui le communique au Directeur des contributions directes, et, si ce dernier, ce qui arrive quelquefois, trouve les évaluations trop élevées, le travail est renvoyé, par la filière administrative, à l'ingénieur ordinaire, qui est obligé de revenir sur les engagements pris par lui avec les propriétaires, ce qui le déconsidère d'abord, et lui fait perdre ensuite nécessairement une grande partie des adhésions qu'il avait obtenues ; la nouvelle évaluation parcellaire, dressée par l'ingénieur ordinaire, est alors adressée au Préfet, toujours en double expédition, par la voie de l'ingénieur en chef, et quand le Préfet a définitivement approuvé cette évaluation, on fait dans les bureaux de la préfecture des actes de vente qui sont adressés aux maires des communes, ceux-ci les font signer aux parties intéressées, qui souvent, après un assez long délai, reviennent sur leur consentement primitif et ne veulent plus signer ; les actes refusés sont adressés à l'ingénieur ordinaire pour qu'il ait à faire un rapport sur les objections faites par les parties, et les actes signés restent au Préfet qui délivre enfin des mandats sur le certificat de l'ingénieur en chef, les mandats sont renvoyés à l'ingénieur ordinaire qui les fait distribuer aux parties dépossédées ou bien déposés à la caisse des Dépôts et Consignations. Si les propriétés achetées sont grevées d'hypothèques, c'est alors seulement, c'est-à-dire souvent après quatre et cinq mois qu'on peut s'emparer des propriétés *achetées amiablement.*

Jusques-là, les propriétaires ont le droit, en vertu de l'article   de la Charte, d'empêcher la prise de leurs terrains, et ils en usent très-souvent. Dans une Compagnie au contraire, les achats à l'amiable sont l'affaire de quelques jours ; le prix une fois convenu, on passe chez le notaire de la Compagnie qui rédige et fait signer de suite les actes de vente, et après les formalités de la vérification des hypothèques, le propriétaire est payé ou son argent mis en dépôt, et on peut commencer les travaux. Indépendamment de cet immense avantage, il va sans dire qu'une Compagnie fait toujours beaucoup plus d'achats à l'amiable que l'Administration, d'abord, parce que le propriétaire traite

directement et irrévocablement avec un fondé de pouvoirs
de la Compagnie, tandis que les promesses d'un ingénieur
ne sont que conditionnelles; ensuite, parce que la Compagnie peut souvent acheter avantageusement pour elle des
propriétés entières qu'on veut bien céder complètement à
un prix raisonnable, mais pour le morcellement desquelles
on exige des prix exhorbitans. enfin, parce qu'une Compagnie peut faire aux riverains de petites concessions peu
coûteuses et peu gênantes, tandis que l'Administration
achète toujours d'une manière absolue et sans conditions;
on sait d'ailleurs par expérience que beaucoup d'individus
qui n'oseraient pas être déraisonnables avec une Compagnie, avec des particuliers, se permettront les exigences
les plus ridicules quand il s'agira de traiter avec le Gouvernement. Ainsi, non-seulement les achats à l'amiable se
feront plus vite par une Compagnie que par l'Administration, mais encore ils seront beaucoup plus nombreux dans
le premier cas que dans le second.

Quant aux expropriations par le jury, les formalités seront presque aussi longues pour une Compagnie que pour
l'Administration, mais là encore cependant il y a des chances de retard pour cette dernière : ainsi, quand les offres
faites par l'ingénieur ordinaire auront été repoussées, et
qu'il aura écrit à l'ingénieur en chef pour obtenir l'expropriation par le jury, si ce fonctionnaire ou si le Préfet auquel l'affaire est adressée met de la négligence à la faire
expédier, l'ingénieur ordinaire, dans sa position inférieure
et subordonnée, ne sera pas en position de faire cesser
cette lenteur, tandis qu'une Compagnie pourra forcer le
Préfet par la publicité ou par ses plaintes au Directeur général à presser la solution de la question.

Les adjudications faites, et les expropriations terminées
ou fort avancées, les travaux pourront commencer, si l'entrepreneur est capable, riche, en état de faire des avancés
de fonds, il pourra payer convenablement ses ouvriers, ses
employés, ses fournisseurs, et l'affaire pourra marcher

assez vite quoique dans des limites assez restreintes cependant ; mais si l'entrepreneur est mauvais, incapable,
sans crédit, ce qui arrivera quatre-vingt-dix fois sur *cent*
par suite des adjudications au rabais, de l'insignifiance des
cautionnements et des clauses vraiment exhorbitantes
imposées par les cahiers des charges, si, disons-nous,
l'entreprise est échue à un individu incapable et discré-
dité, cet entrepreneur paiera mal et trompera ses ouvriers
et ses employés; il ne pourra passer que des marchés fort
onéreux par suite des défiances que produiront sa pau-
vreté et son incurie, et au bout de deux ou trois mois,
plus ou moins, l'entreprise périclitera, les travaux s'allan-
guiront, et l'ingénieur ordinaire sera forcé de proposer la
mise en régie ou à! la folle enchère des travaux restant à
faire.

Pour ce faire, il devra dresser un bilan ou situation
exacte et complète des travaux exécutés ou commencés,
et y joindre un rapport à l'ingénieur en chef pour indiquer ce qui aurait dû ou pu être fait; ces pièces seront
envoyées au Préfet avec l'avis de l'ingénieur en chef, le
Conseil de préfecture sera rassemblé, et donnera un délai
de quinze jours au moins ou plus à l'entrepreneur pour
avoir à déployer toute l'activité nécessaire pour que les
travaux soient convenablement poussés ; ce délai expiré, si
l'entrepreneur n'a pu ou voulu s'exécuter, l'ingénieur ordinaire demande l'autorisation de commencer les travaux
en régie, et après l'approbation du Directeur général, la
régie commence, et quelque soit l'activité de l'ingénieur
il ne peut jamais ainsi exécuter bien promptement, puisqu'il a à la fois la besogne de l'entrepreneur et la sienne
propre, compliquées l'une et l'autre de toutes les minuties
de la comptabilité administrative ; si l'entreprise est mise
à la folle enchère, il faut encore un mois d'affiches, puis
l'approbation du Directeur général, et le nouvel entrepreneur, quelque bien intentionné qu'il soit, ne peut guère
parvenir qu'au bout de deux ou trois mois, et avec des sa-

crifices nombreux, à réorganiser des ateliers abandonnés par des ouvriers auxquels il reste toujours dû des sommes plus ou moins fortes. Par suite de toutes ces formes qui n'ont aucun inconvénient pour les travaux d'entretien, mais qui sont incompatibles avec l'exécution rapide de travaux neufs, on perd très-facilement les plus beaux mois d'une campagne, et on arrive souvent à la mauvaise saison n'ayant rien ou presque rien fait. Dans une Compagnie, au contraire, l'ingénieur choisit ses entrepreneurs, passe avec eux des marchés à forfait à des prix raisonnables, et assure ainsi la bonne et prompte exécution des ouvrages sans avoir à s'occuper de mise en régie ou de folle enchère, et quand il a renvoyé un fournisseur ou un tacheron, il n'est pas exposé à avoir encore pis.

Enfin, quand l'exécution d'un travail d'art exige des changements à ce qui a été prévu dans les devis, l'ingénieur ordinaire est obligé de faire approuver les modifications qu'il veut faire, tandis que l'ingénieur d'une compagnie n'est pas soumis à toutes ces formalités.

Aussi, il serait facile de citer des exemples d'ingénieurs attachés aux Compagnies dépensant chacune pendant plusieurs années consécutives 3 à 4 millions par campagne, tandis que dans le corps des Ponts-et-Chaussées il est impossible qu'un ingénieur quelque habile, quelqu'actif, quelque sévère qu'il soit, puisse parvenir à dépenser bien ou mal, au plus de 500 mille francs par campagne, à moins qu'il ne s'écarte à ses risques et périls des formes administratives, et il serait même difficile, nous pensons, de citer dans l'Administration beaucoup de dépenses annuelles consécutives arrivant à cette somme de 500 mille f. Si nous examinons, par exemple, ce qui s'est passé dans les routes stratégiques pour lesquelles, à la faveur de leur nom militaire, on faisait les expropriations comme pour les cas de guerre, c'est-à-dire, sans aucun des retards excessifs produits par la loi et la marche ordinaire; on verra que, malgré l'avantage immense d'être débarrassé

des longues formalités de l'expropriation, chaque ingénieur ordinaire n'est pas parvenu à dépenser 500 mille f.
par an ; la construction des routes stratégiques a coûté
12 millions, et a duré quatre ans (1833, 1834, 1835, 1836,
et partie de 1837). Il y avait, si nous sommes bien informés, cinq ingénieurs ordinaires et deux ingénieurs en
chef attachés spécialement à ce service, plus, quatre ou
cinq ingénieurs ordinaires ou ingénieurs en chef chargés
de quelques routes stratégiques en même temps que de
leur service ordinaire ; on peut donc admettre en se tenant encore au-dessous de la réalité, qu'il y avait sept
ingénieurs ordinaires spéciaux pour dépenser par an
3 millions, c'est-à-dire, que chaque ingénieur n'a dépensé
annuellement qu'un peu plus de 400 mille francs. Ajoutons
à cela, que les populations favorisaient l'exécution de ces
routes autant que possible, parce qu'elles y trouvaient
leur intérêt, tandis que les chemins de fer utiles seulement
aux grands centres de consommation et de production,
sont destinés à éprouver sur beaucoup de points les plus
vives oppositions; ainsi, il est impossible d'admettre qu'un
ingénieur attaché à l'administration des Ponts-et-Chaussées
puisse dépenser plus de 500 mille fr. par an, et il arrivera
souvent qu'il n'en dépensera que la moitié, tandis qu'attaché à une Compagnie, le même ingénieur] débarrassé
des adjudications, des entraves administratives et financières et des mauvais entrepreneurs, dépenserait facilement 3 millions par campage. Si donc, on revient à la
supposition que nous avons faite précédemment, si on
place dix ingénieurs ordinaires sur le chemin de fer de
Paris à Lille, qui doit coûter au moins 80 millions, ces
dix ingénieurs dépenseront par an pour l'Administration
au plus 5 millions, et pour une Compagnie] au moins
50 millions, c'est-à-dire que l'Administration mettra 16 *ans*,
peut-être le double pour exécuter cette voie de communication, et qu'une Compagnie pourra la faire en 5 *ans*
avec les mêmes employés. On pourrait, il est vrai, dou-

bler ou tripler le nombre des ingénieurs attachés à cette ligne, mais si on en place autant proportionnellement sur chacune des grandes lignes projetées, il faudra créer une armée d'ingénieurs et de conducteurs, ce qui ne serait pas facile d'abord, et ce qui ensuite deviendrait fort embarrassant pour l'avenir; on pourrait encore, il est vrai, autoriser les ingénieurs à passer des marchés sans adjudication, mais ce ne serait qu'un palliatif insuffisant; et d'ailleurs, aucun ingénieur, nous pensons, ne voudrait se charger par le temps actuel de l'effrayante responsabilité qui résulterait pour lui de la faculté de passer des marchés. Enfin, nous avons supposé pour arriver aux résultats précédents, qu'un ingénieur ordinaire des Ponts-et-Chaussées en travaillant énormément parviendrait peut-être à dépenser 500 mille fr. par an; mais trouvera-t-on quelques centaines d'ingénieurs ordinaires qui veuillent travailler énormément, qui veuillent se dévouer, c'est le mot, pour 2,500 fr. de traitement annuel? On comprend qu'un jeune ingénieur attaché à une Compagnie avec 8 ou 10 mille francs d'appointements et un intérêt dans l'entreprise, sacrifie quelques années, passe une partie de ses nuits et gagne des cheveux blancs pour obtenir au bout de 4 ou 5 ans, plus ou moins, un résultat positif, une petite fortune si l'on veut; mais à quel titre pourrait-on exiger un pareil travail pour 2,500 fr. par an? et peut-on compter que l'espérance d'arriver ingénieur en chef à 45 ou 50 ans, pourra déterminer chez les ingénieurs ordinaires un si grand dévouement? Tout ce qu'on peut exiger d'un fonctionnaire, c'est qu'il travaille laborieusement, consciencieusement 7 à 8 heures par jour, et il est chimérique de compter à la fois sur le dévouement de quelques centaines d'individus quand on ne peut, ou ne fait rien pour payer, ou si l'on veut récompenser ce dévouement.

Le Gouvernement belge, qui a fait exécuter lui-même beaucoup de chemins de fer, et qu'iles a fait assez promptement, parce que les localités étaient très favorables, et que son administration des Ponts-et-Chaussées est dix fois moins compliquée que la nôtre, le Gouvernement belge, disons-nous, afin d'encourager ses ingénieurs, qu'il paie d'ailleurs fort convenablement, à faire vite et bien, leur a accordé, si nous sommes bien informés, en sus du traitement déjà élevé, 3 pour cent sur les bénéfices des nouvelles voies, et il est parvenu ainsi à les intéresser puissamment à la réussite de ses entreprises. Mais en France, où la complication de la comptabilité rend impossible un semblable encouragement, on se contentera, parce que cela est beaucoup plus simple, d'en appeler au dévouement des ingénieurs des Ponts-et-Chaussées, et, quelque bonne opinion que nous ayons de ces messieurs, comme ils sont hommes en définitive, il est permis de penser, il est même plus que probable que ce dévouement, dont on paraît déjà avoir beaucoup trop usé, finira par faire défaut.

Ainsi, même pour faire en 16 ans, au moins, le chemin de fer de Paris à Lille, avec 10 ingénieurs ordinaires, l'administration doit compter sur un dévouement impossible, tandis qu'une Compagnie pourrait faire le même travail avec les mêmes ingénieurs dans un délai de 3 ans.

Paris, le 6 mars 1838.

A l'appui de l'opinion qui refuse à l'administration des Ponts-et-Chaussées, la possibilité d'exécuter les travaux publics aussi rapidement que l'industrie privée, un fait frappant se passe en ce moment sous nos yeux et mérite d'être cité : c'est celui ci :

En 1822, une loi fut votée, qui autorisa l'exécution aux frais de l'État, du canal latéral à la Loire. D'après le délai que l'Administration s'était imposé elle-même, ce canal, d'une haute importance, et dont l'ouverture est réclamée avec instance par une foule d'intérêts divers, devait être achevé au plus tard le 1er octobre 1830. Nous sommes en 1838 et le canal n'est pas achevé. *On espère* qu'il sera navigable à la fin de la campagne!

Cependant, à l'époque où le canal latéral avait dû être terminé, une Compagnie obtenait la concession du canal de Roanne à Digoin qui en est le prolongement. (L'acte de concession est en daté du 29 juin 1830)

Quoique commencé 8 ans plus tard, le canal de Roanne devait être terminé 2 ans après celui dont il n'est que la continuation; or, malgré la crise sensible au commerce survenue en 1830; malgré des embarras financiers, qui, en 1836, ont paralysé près d'une année entière les travaux de la Compagnie, *le canal de Roanne à Digoin est achevé*; le mois prochain, il sera ouvert à la navigation dans tout son cours, et la seconde division du canal latéral n'est pas navigable; et nous sommes en 1838; et il s'agit de la ligne de navigation la plus importante!

Que répondre à un pareil rapprochement? sinon que c'est un fait constant que l'administration publique, quelque zèle qu'on lui suppose, ne peut avancer les travaux autant que l'industrie privée.

N° 15.

SUR LES SOCIÉTÉS

EN COMMANDITE PAR ACTIONS.

Nous avons dit (page v) que la forme de société anonyme, la seule qui fut applicable aux grandes entreprises projetées, devait dissiper toutes les craintes relatives aux abus scandaleux qui ont signalé quelques sociétés en commandite par actions. Mais, de même que la société anonyme est particulièrement propre aux grandes entreprises de travaux publics, la société en commandite par actions, à son tour, est préférable dans un grand nombre de cas : partout où il y a une gestion commerciale ou industrielle proprement dite.

La supprimer, comme on le propose, afin de détruire les abus auxquels ce genre de société a récemment donné lieu, serait à notre avis une faute.

Le principe de la société en commandite par actionsmême au porteur, est salutaire et juste, et il faut le respecter. Il est salutaire en ce qu'il peut puissamment concourir au développement industriel du pays ; juste, en ce qu'il permet aux petits capitaux de participer aux avantages qu'une sage et intelligente industrie peut leur offrir.

Pour résoudre le problème : *Réprimer les abus sans gêner la liberté de ce mode de société*, il suffirait, selon nous, de deux dispositions législatives d'une grande simplicité.

La première consisterait à :

1. Empêcher la transformation en actions négociables de l'apport social des fondateurs ; de telle sorte qu'ils restent forcément enchaînés à la société jusques à son terme et participent, pour leur part entière, aux chances et aux pertes de la liquidation, si perte il y a.

2. Empêcher la création d'actions au porteur, et celles au-dessous du chiffre de fr. 5,000.

Moyennant l'observation de ces conditions, liberté entière.

La seconde disposition législative consisterait à soumettre à l'autorisation du Gouvernement toutes les sociétés en commandite qui ne voudraient pas accepter les conditions fondamentales dont il vient d'être parlé.

En procédant ainsi, la liberté, si précieuse au commerce et à l'industrie, resterait intacte. La réserve de l'autorisation du Conseil d'État n'existerait que pour les fondateurs de sociétés qui, par la création de faibles actions ou d'actions au porteur, voudraient chercher leurs actionnaires dans les classes infimes de la société. Alors, mais seulement alors, le Gouvernement, protecteur naturel de ceux que leur position et leur ignorance rendent inhabiles à se soustraire aux déceptions de la mauvaise foi et du charlatanisme, le Gouvernement interviendrait comme il le fait pour les sociétés anonymes. Pour ces cas-là, son autorisation serait nécessaire ; on la demanderait rarement, et seulement quand, par la bonne foi des stipulations, l'on serait assuré de l'obtenir. Tous les droits seraient respectés, protégés ; l'industrie, la véritable industrie serait sans entraves, et la tâche du Gouvernement ne serait point au-dessus de ses forces, car, vraisemblablement, on recourrait peu à son intervention, qui d'ailleurs serait toute dans l'intérêt public.

TABLE DES CHAPITRES.

                                                                    Pages
Avertissement... III.
Avant-propos.. VII.

CHAPITRE PREMIER.

Aperçu sur la situation des voies de commucations en
France.. 11

CHAPITRE DEUXIÈME

Des avantages que présentent les Compagnies industrielles sur le Gouvernement pour l'exécution des travaux
d'utilitépublique... 17

CHAPITRE TROISIÈME.

Des objections qui ont été faites au système qui a servi de
base à la Compagnie des chemins de fer du Nord, et des motifs qui devraient faire appliquer ce système à toutes les en-
reprises d'utilité publique..................................... 36

CHAPITRE QUATRIÈME.

Pages

De la création d'un fond de réserve, applicable aux éventualités de la garantie de l'État...................... 118

CHAPITRE CINQUIÈME.

De la prise de possession immédiate des propriétés expropriées... 127

CHAPITRE SIXIÈME.

De la transaction à faire relativement aux droits d'entrée
des rails et des machines locomotives................... 130

CHAPITRE SEPTIÈME.

De la fixation des tarifs............................ 142

CONCLUSION...................................... 160

TABLE

DES NOTES ET DOCUMENTS.

Numéros.   Pages.

1 Soumission de la Compagnie des chemins de fer du Nord, en date du 7 janvier 1836, modifiée le 17 avril 1837 173

2 État comparatif et tableaux à l'appui de la subvention accordée à M. Cockerill, avec la garantie d'intérêt demandée par la Compagnie des chemins de fer du Nord. 183

3 Tarifs des chemins de Liverpool à Manchester et Dublin à Kingston 189

4 Analyse des traits caractéristiques de la législation américaine en matière de travaux publics, — liberté des des tarifs — Franchise du droit d'entré des rails, — (*extrait de l'ouvrage de M. Guillaume Tell Poussin.*) 191

5 Extrait de l'ouvrage de M. le comte Pillet Will sur le produit et la dépense des canaux. Chapitre — de la suppression des péages 197

6 Extrait de Dutens, navigation intérieure — sur les droits de péage, — sur l'esprit d'association 202

7 Extrait d'une publication récente sur le régime des canaux par Aulagnier, (question des tarifs.) 204

8 Quelques mots sur les canaux de 1821 et 1822 206

9 Motifs en faveur de la mise en régie intéressée des canaux appartenant à l'État 209

10 Incident belge relatif à l'abaissement forcé des tarifs et aveu ministériel à ce sujet 212

Numéros.   Pages.

11 Tableau de la valeur des actions de quelques entreprises
    industrielles en Angleterre.......................... 218
12 Citations de quelques auteurs sur les avantages que re-
    cueille le pays de l'ouverture de nouvelles voies de
    communication....................................... 220
13 Extrait de notre premier mémoire sur les éventua-
    lités auxquelles le Trésor serait exposé par le sytème
    de garantie.. 224
14 Quelques notes sur l'exécution, par l'État, des grandes
    lignes, par un ingénieur de l'administration.......... 226
15 Sur les sociétés en commandite par actions.......... 237

www.ingramcontent.com/pod-product-compliance
Ingram Content Group UK Ltd.
Pitfield, Milton Keynes, MK11 3LW, UK
UKHW020149130726
13696UKWH00002B/429